EUROPA-FACHBUCHREIHE
für Bautechnik

Grundlagen, Formeln, Tabellen und Verbrauchswerte

BAUTECHNIK nach Lernfeldern

Grundbildung

Bearbeitet von Lehrern an beruflichen Schulen und Ingenieuren
Lektorat: Peter Peschel

6. Auflage

VERLAG EUROPA-LEHRMITTEL · Nourney, Vollmer GmbH & Co. KG
Düsselberger Straße 23 · 42781 Haan-Gruiten

Europa-Nr. 45313

Grundlagen, Formeln,
Tabellen, Verbrauchswerte

Autoren der **„Grundlagen, Formeln, Tabellen, Verbrauchswerte“** für Grundbildung

Ballay, Falk	Dipl.-Gewerbelehrer	Dresden
Mentlein, Horst	Dr.-Ing.	Lübeck
Peschel, Peter	OStD a. D.	Göttingen
Traub, Martin	OStR a. D.	Essen

Lektorat:
Peter Peschel

Bildbearbeitung:
Zeichenbüro des Verlages Europa-Lehrmittel, Ostfildem

Bildquellen:
Adobe Systems Software Irland Ltd., Adobe Stock, IRL-Dublin##© Zigmunds: 28/1
EU-Kommission, BEL-Brüssel: 32/1, 3
GHS Gefahrenzeichen United Nations Economic Commission für Europe CH-Genf: U2
Gütegemeinschaft Naturstein, Kalk und Mörtel, Köln: 32/4
Verein Deutscher Zementwerke e. V. Düsseldorf: 32/2
Verlag Europa-Lehrmittel/Autorenfoto: 37/ 3

Die DIN-Angaben in diesem Tabellenbuch beziehen sich auf die neusten Ausgaben der Normblätter und sonstiger amtlicher Regelwerke (Redaktionsschluss 31.01.2025). Die dargestellten Angaben sind jedoch nur auf das Wesentliche beschränkte und didaktisch ausgewählte Teile der Originalquelle.

Verbindlich sind jeweils nur die DIN-Blätter und jene Bestimmungen selbst. Die DIN-Blätter können von der DIN Media GmbH (ehemals Beuth-Verlag), Burggrafenstraße 6, 10787 Berlin, bezogen werden.

6. Auflage 2025
Druck 5 4 3 2 1

Alle Drucke derselben Auflage sind parallel einsetzbar, da sie bis auf die Korrektur von Druckfehlern identisch sind.

Autoren und Verlag können für Fehler im Text oder in den Abbildungen im vorliegenden Buch nicht haftbar gemacht werden.

ISBN 978-3-7585-4539-9

Bei Fragen zur Produktsicherheit wenden Sie sich bitte an produktsicherheit@europa-lehrmittel.de.

Umschlaggestaltung: braunwerbeagentur, 42477 Radevormwald unter Verwendung eines Fotos von © Adobe Systems Software Ireland Limited Adobe Stock, Dublin, Irland © vipman4
Satz: Satz+Layout Werkstatt Kluth GmbH, 50374 Erftstadt
Druck: Plump Druck & Medien GmbH, 53619 Rheinbreitbach

Vorwort

Das Tabellenheft **„BAUTECHNIK – Grundlagen, Formeln, Tabellen, Verbrauchswerte"** orientiert sich an dem Fachbuch „Bautechnik nach Lernfeldern – Grundbildung". Grundlage hierfür ist der Rahmenlehrplan für den berufsbezogenen Unterricht an Berufsschulen, gültig für alle zugeordneten Berufe in der Bauwirtschaft.

Die Gliederung erfolgte nach den Lernfeldern der Grundbildung. Alle Formeln und Tabellen zu einem Thema sind unter einer Überschrift aufgelistet.

Dem lernfeldbezogenen Teil sind bautechnische Grundlagen vorangestellt. Diese enthalten Formeln der Fachmathematik sowie die zum technischen Zeichnen und zum Lesen von Bauzeichnungen notwendigen Grundkenntnisse.

Sicherheitskennzeichnungen für Gefahrstoffe und am Arbeitsplatz sind auf den Umschlagseiten dargestellt. Formeln der Mechanik für die Berechnung an einfachen Maschinen sind zum Schluss des Buches aufgeführt.

Beim schnellen Auffinden der notwendigen Angaben hilft ein umfangreiches Sachwortverzeichnis mit ca. 300 Begriffen.

Zielgruppe

Das vorliegende Tabellenheft eignet sich besonders für den Unterricht in der Berufsschule und in den überbetrieblichen Ausbildungsstätten sowie für das Berufsgrundbildungsjahr und das Berufsvorbereitungsjahr.

Anregungen

Verlag und Autoren wünschen den Benutzern der „Bautechnik – Grundlagen, Formeln, Tabellen, Verbrauchswerte" viel Erfolg beim Gebrauch. Wir sind für Hinweise und Anregungen immer dankbar. Sie können dafür unsere Adresse lektorat@europa-lehrmittel.de nutzen.

Herbst 2025 — Autoren und Verlag

Inhaltsverzeichnis

Fachmathematik

Umwandlung von einfachen Gleichungen			Zeile
$a = \frac{b}{c}$ ⇒	$b = a \cdot c$ ⇒	$c = \frac{b}{a}$	1
$a = b + c$ ⇒	$b = a - c$ ⇒	$c = a - b$	2
$\varrho = \frac{m}{V}$ Dichte ϱ in kg/dm³	$m = V \cdot \varrho$ Masse m in kg	$V = \frac{m}{\varrho}$ Volumen V in dm³	3
$\varrho = \frac{m}{A \cdot h}$ mit $V = A \cdot h$ Dichte ϱ in kg/dm³	$h = \frac{m}{A \cdot \varrho}$ Höhe h in dm	$A = \frac{m}{h \cdot \varrho}$ Fläche A in dm²	4
$\sigma = \frac{F}{A}$ Spannung σ in N/mm²	$F = \sigma \cdot A$ Kraft F in N	$A = \frac{F}{\sigma}$ Fläche A in mm²	5
$a \cdot b = \frac{F}{\sigma}$ mit $A = a \cdot b$ Fläche A in mm²	$a = \frac{F}{\sigma \cdot b}$ Länge a in mm	$b = \frac{F}{\sigma \cdot a}$ Länge b in mm	6
$\omega = \frac{w}{z}$ Wasserzementwert ω	$w = \omega \cdot z$ Wasser w in kg (ℓ)	$z = \frac{w}{\omega}$ Zement z in kg	7
$2 \cdot s + a = 63$ cm Schrittmaßregel (Treppen)	$a = 63$ cm $- 2 \cdot s$ Auftritt a in cm	$s = \frac{63\text{ cm} - a}{2}$ Steigung s in cm	8
$a + s = 46$ cm Sicherheitsregel (Treppen)	$a = 46$ cm $- s$ Auftritt a in cm	$s = 46$ cm $- a$ Steigung s in cm	9
$a - s = 12$ cm Bequemlichkeitsregel (Treppen)	$a = 12$ cm $+ s$ Auftritt a in cm	$s = a - 12$ cm Steigung s in cm	10
$M = F \cdot l$ Moment M in Nm	$F = \frac{M}{l}$ Kraft F in N	$l = \frac{M}{F}$ Hebelarm l in m	11
$A = a^2$ Quadratfläche A in cm²	$a = \sqrt{A}$ Seitenlange a in cm	$d = a \cdot \sqrt{2}$ Diagonale d in cm	12
$A = a \cdot b$ Rechteckfläche A in cm³	$a = \frac{A}{b}$ Seitenlange a in cm	$b = \frac{A}{a}$ Seitenlange b in cm	13
$A = \pi \cdot r^2$ Kreisfläche A in cm²	$r^2 = \frac{A}{\pi}$ $r^2 = r \cdot r$	$r = \sqrt{\frac{A}{\pi}}$ Radius r in cm	14
$A = \frac{\pi \cdot d^2}{4}$ Kreisfläche A in cm²	$d^2 = \frac{4 \cdot A}{\pi}$ $d^2 = d \cdot d$	$d = \sqrt{\frac{4 \cdot A}{\pi}}$ Durchmesser d in cm	15
$U = 2 \cdot \pi \cdot r = \pi \cdot d$ Kreisumfang U in cm	$r = \frac{U}{2 \cdot \pi}$ Radius r in cm	$d = \frac{U}{\pi}$ Durchmesser d in cm	16
$A = \frac{c \cdot h_c}{2}$ Dreiecksfläche A in cm²	$c = \frac{2 \cdot A}{h_c}$ Grundlinie c in cm	$h_c = \frac{2 \cdot A}{c}$ Höhe h_c in cm (⊥ zu c)	17
$c^2 = a^2 + b^2$ Hypotenusenquadrat in cm²	$a^2 = c^2 - b^2$ Kathetenquadrat in cm²	$b^2 = c^2 - a^2$ Kathetenquadrat in cm²	18
$c = \sqrt{a^2 + b^2}$ Hypotenuse c in cm	$a = \sqrt{c^2 - b^2}$ Kathete a in cm	$b = \sqrt{c^2 - a^2}$ Kathete b in cm	19

Griechisches Alphabet

Α α	Β β	Γ γ	Δ δ	Ε ε	Ζ ζ	Η η	Θ ϑ	Ι ι	Κ κ	Λ λ	Μ μ
Alpha	Beta	Gamma	Delta	Epsilon	Zeta	Eta	Theta	Jota	Kappa	Lambda	My
Ν ν	Ξ ξ	Ο ο	Π π	Ρ ϱ	Σ σ	Τ τ	Υ υ	Φ φ	Χ χ	Ψ ψ	Ω ω
Ny	Xi	Omikron	Pi	Rho	Sigma	Tau	Ypsilon	Phi	Chi	Psi	Omega

Maßstäbe

$$\textbf{Länge in der Zeichnung} = \frac{\textbf{wirkliche Länge}}{\textbf{Verhältniszahl}}$$

$$\textbf{Wirkliche Länge} = \textbf{Länge in der Zeichnung} \cdot \textbf{Verhältniszahl}$$

$$\textbf{Verhältniszahl} = \frac{\textbf{wirkliche Länge}}{\textbf{Länge in der Zeichnung}}$$

$$\textbf{Maßstab} = \frac{\textbf{1}}{\textbf{Verhältniszahl}}$$

Beispiel: Wirkliche Länge 1,24 m, M 1:20

Lösung: Länge in der Zeichnung: $\frac{1240 \text{ mm}}{20}$

Länge in der Zeichnung = 62 mm

Beispiel: Länge in der Zeichnung 3,5 cm, M 1:50

Lösung: Wirkliche Länge: 3,5 cm · 50

Wirkliche Länge = 175 cm

Beispiel: Wirkliche Länge 8,00 m
Länge in der Zeichnung 40 mm

Lösung: Verhältniszahl: $\frac{8000 \text{ mm}}{40 \text{ mm}}$

Verhältniszahl = 200 ≙ M 1:200

Maß-stab	Rechen-vorteil	Beispiel	Lösung
1:5	$\frac{1}{5} = \frac{2}{10}$	Wirkliche Länge 75 cm	Länge in der Zeichnung: $\frac{75 \text{ cm} \cdot 2}{10}$ **= 15 cm**
		Länge in der Zeichnung 15 mm	Wirkliche Länge: $\frac{15 \text{ mm} \cdot 10}{2}$ **= 750 mm = 75 cm**
1:50	$\frac{1}{50} = \frac{2}{100}$	Wirkliche Länge 3,35 m	Länge in der Zeichnung: $\frac{3350 \text{ mm} \cdot 2}{100}$ **= 67 mm**
		Länge in der Zeichnung 67 mm	Wirkliche Länge: $\frac{67 \text{ mm} \cdot 100}{2}$ **= 3350 mm = 3,35 m**

Wichtige Maßstäbe in der Bautechnik

M1:1000; M1:500 für Lagepläne
M1:200 für Vorentwurfszeichnungen
M1:100 für Bauvorlagezeichnungen
M1:50 für Werkpläne
für Ausführungszeichnungen
M1:20; M1:10 für Einzelheiten
M1:5; M1:1

Längenteilung

Anzahl der Teilpunkte = Anzahl der Abstände + 1
Anzahl der Abstände = Anzahl der Teilpunkte – 1

$$\textbf{Abstand zwischen 2 Teilpunkten} = \frac{\textbf{Gesamtlänge } l}{\textbf{Anzahl der Abstände}}$$

oder

$$\textbf{Abstand zwischen 2 Teilpunkten} = \frac{\textbf{Gesamtlänge } l}{\textbf{Anzahl der Teilpunkte} - 1}$$

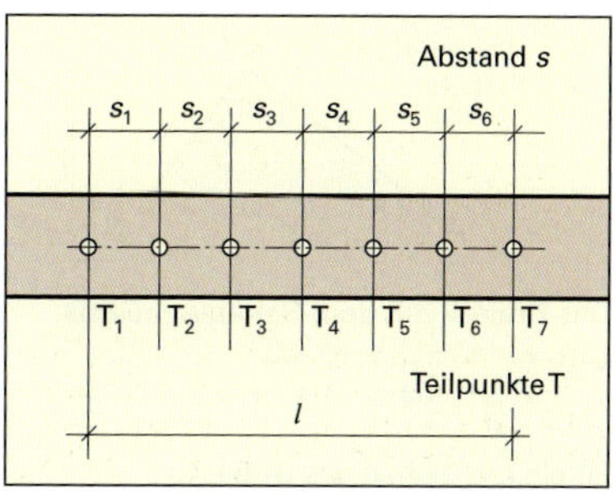

Längenberechnung

Quadrat

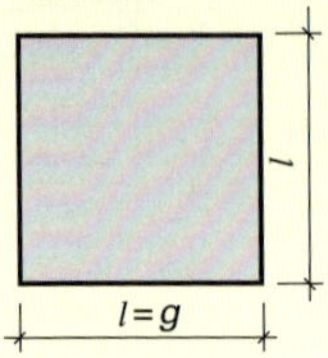

$U = 4 \cdot l$

Rechteck

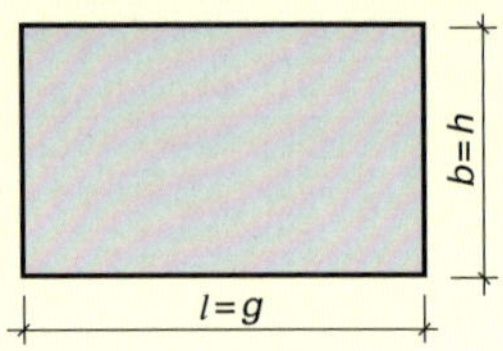

$U = 2 \cdot l + 2 \cdot b$

$U = 2 \cdot (l + b)$

Raute

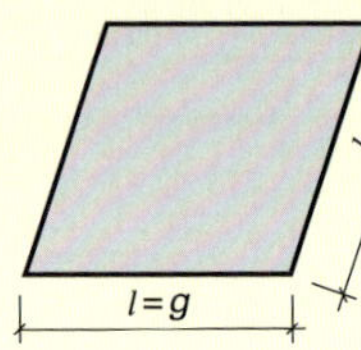

$U = 4 \cdot l$

Parallelogramm

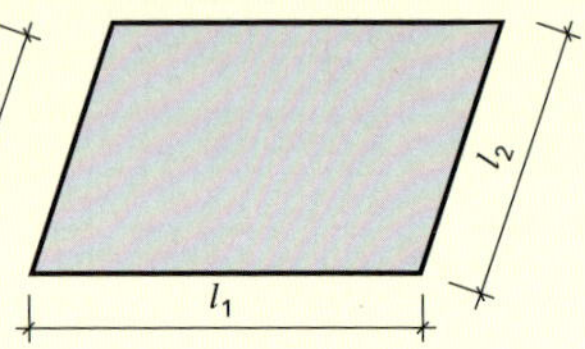

$U = 2 \cdot l_1 + 2 \cdot l_2$

$U = 2 \cdot (l_1 + l_2)$

Trapez

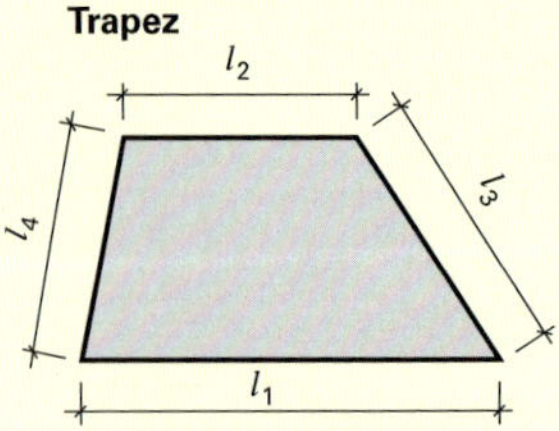

$U = l_1 + l_2 + l_3 + l_4$

Dreieck

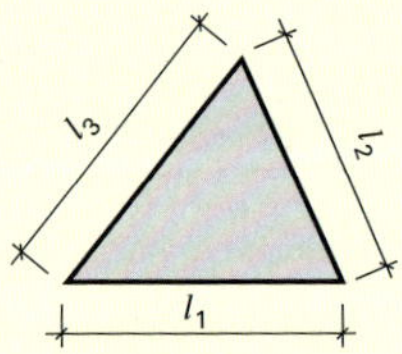

$U = l_1 + l_2 + l_3$

Regelmäßiges Sechseck

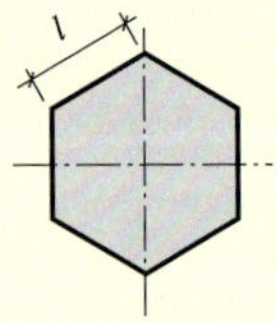

$U = 6 \cdot l$

Unregelmäßiges Fünfeck

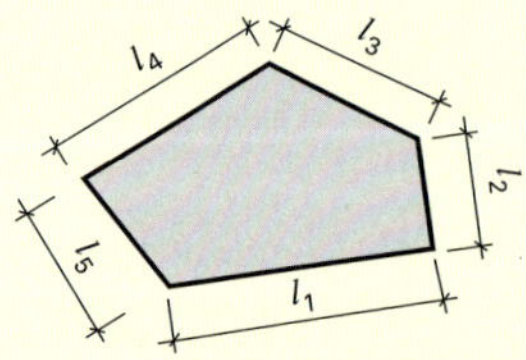

$U = l_1 + l_2 + l_3 + l_4 + l_5$

Kreisumfang

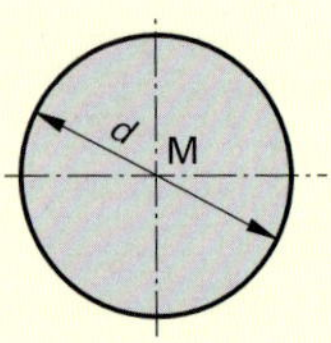

$U = \pi \cdot d \qquad d = \frac{U}{\pi}$

Kreisbogen

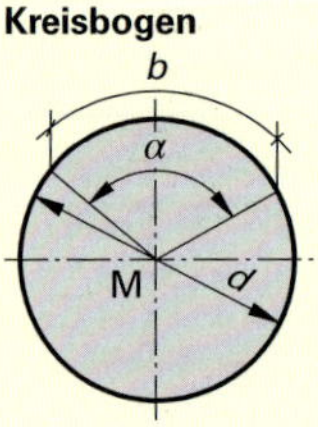

$b = \pi \cdot d \cdot \frac{\alpha}{360°}$

Ellipsenumfang

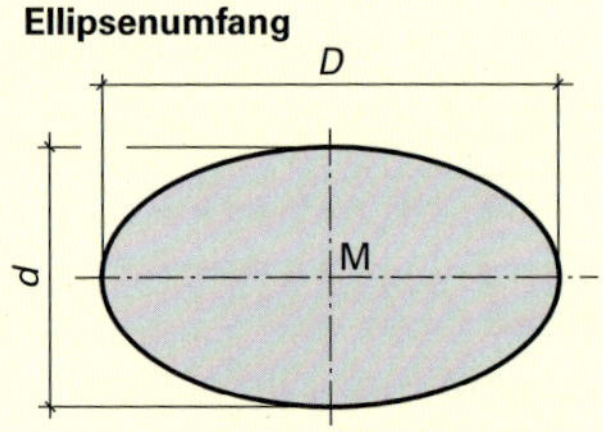

$U \approx \pi \cdot \frac{D + d}{2}$

Lehrsatz des Pythagoras

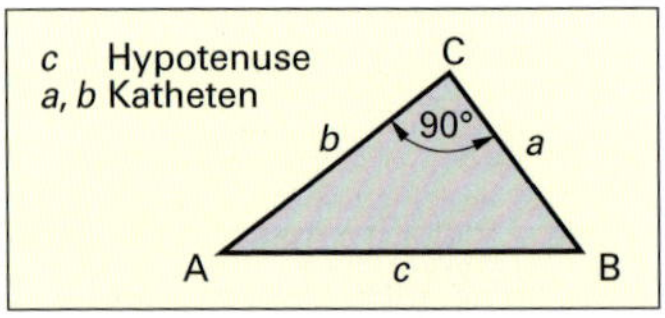

Im rechtwinkligen Dreieck ist das Quadrat über der Hypotenuse gleich der Summe der Quadrate über den Katheten.

$c^2 = a^2 + b^2$

$a^2 = c^2 - b^2$

$b^2 = c^2 - a^2$

Das Dreieck mit dem Seitenverhältnis

$a : b : c = 3 : 4 : 5$

ist ein rechtwinkliges Dreieck.

Für die Berechnung der Seitenlängen gilt:

$c = \sqrt{a^2 + b^2}$

$a = \sqrt{c^2 - b^2}$

$b = \sqrt{c^2 - a^2}$

Flächenberechnung

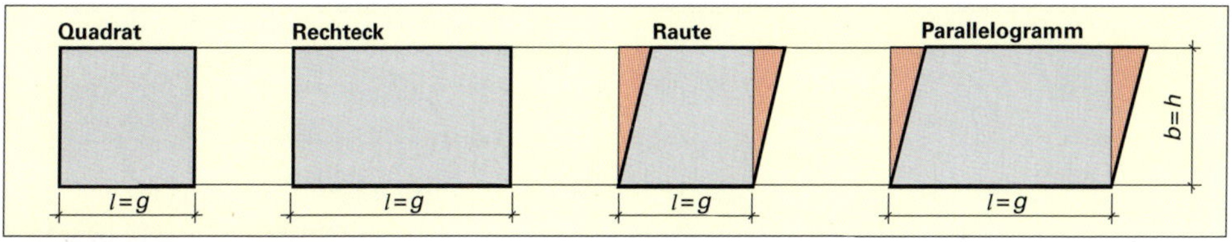

Flächeninhalt = Länge · Breite

$$A = l \cdot b = g \cdot h$$

$$\text{Länge} = \frac{\text{Flächeninhalt}}{\text{Breite}} \qquad l = \frac{A}{b}$$

$$\text{Breite} = \frac{\text{Flächeninhalt}}{\text{Länge}} \qquad b = \frac{A}{l}$$

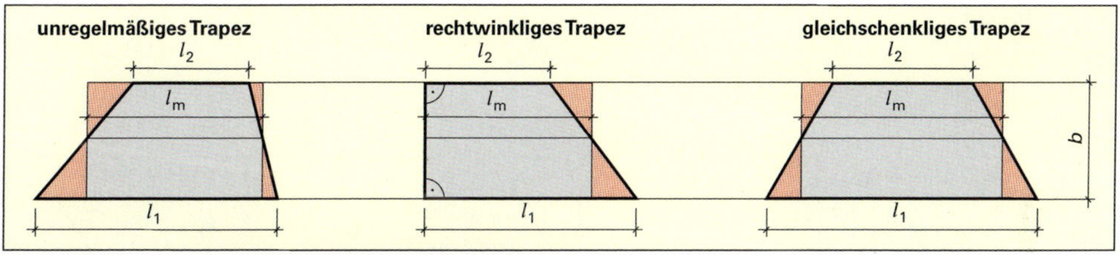

Flächeninhalt = Mittlere Länge · Breite

$$A = l_m \cdot b$$

$$\text{Mittlere Länge} = \frac{\text{Länge 1} + \text{Länge 2}}{2} \qquad l_m = \frac{l_1 + l_2}{2}$$

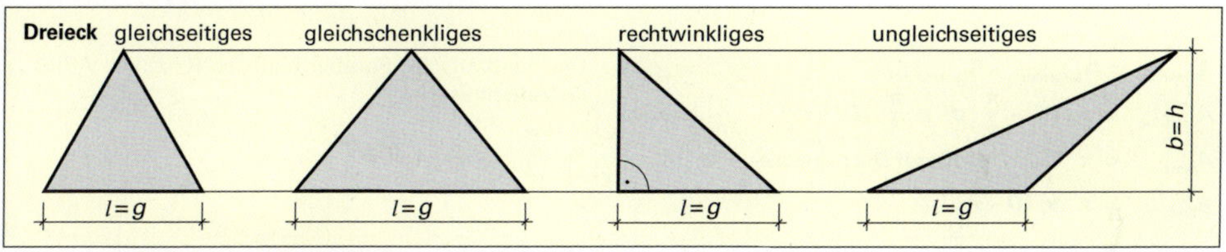

$$\textbf{Flächeninhalt} = \frac{\text{Länge} \cdot \text{Breite}}{2}$$

$$A = \frac{l \cdot b}{2} = \frac{g \cdot h}{2}$$

$$\text{Länge} = \frac{2 \cdot \text{Flächeninhalt}}{\text{Breite}} \qquad l = \frac{2 \cdot A}{b}$$

$$\text{Breite} = \frac{2 \cdot \text{Flächeninhalt}}{\text{Länge}} \qquad b = \frac{2 \cdot A}{l}$$

Regelmäßige Vielecke

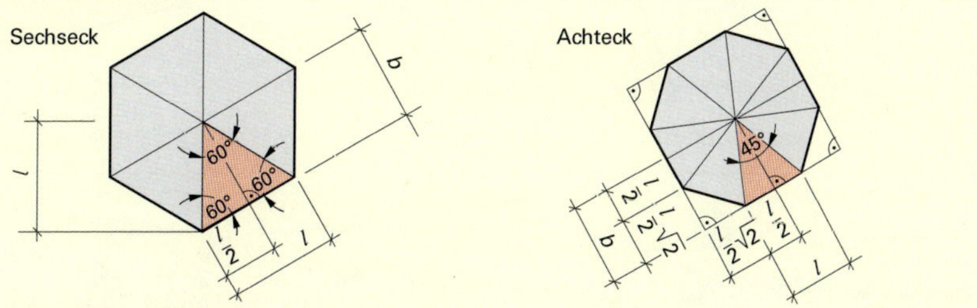

Flächeninhalt$_{\text{Vieleck}}$ = Eckenanzahl · Flächeninhalt$_{\text{Teildreieck}}$

$$A_{\text{Vieleck}} = n \cdot \frac{l \cdot b}{2}$$

$$l = \frac{2 \cdot A}{n \cdot b} \qquad b = \frac{2 \cdot A}{n \cdot l}$$

Flächenberechnung (Fortsetzung)

Kreis

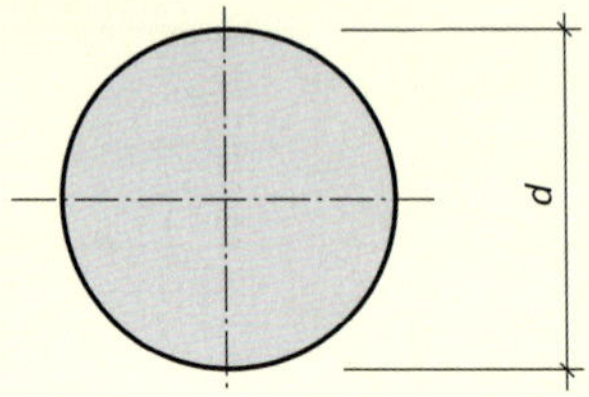

Ellipse

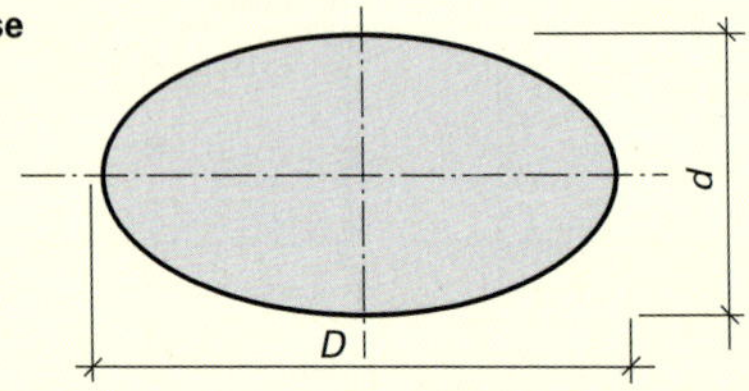

Kreisfläche

$$A = \frac{\pi}{4} \cdot d^2$$

$$A \approx 0{,}785 \cdot d^2$$

Kreisdurchmesser

$$d = \sqrt{\frac{4 \cdot A}{\pi}}$$

Fläche der Ellipse

$$A = \frac{\pi}{4} \cdot D \cdot d$$

$$A \approx 0{,}785 \cdot D \cdot d$$

Ellipsendurchmesser

$$D = \frac{4 \cdot A}{\pi \cdot d}$$

$$d = \frac{4 \cdot A}{\pi \cdot D}$$

Kreisring

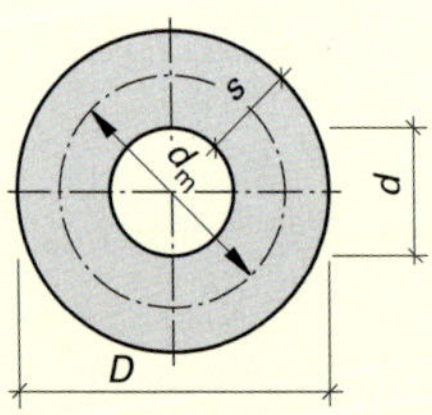

Parabel

$y = x^2$

Teilfläche A_1

Teilfläche A_2

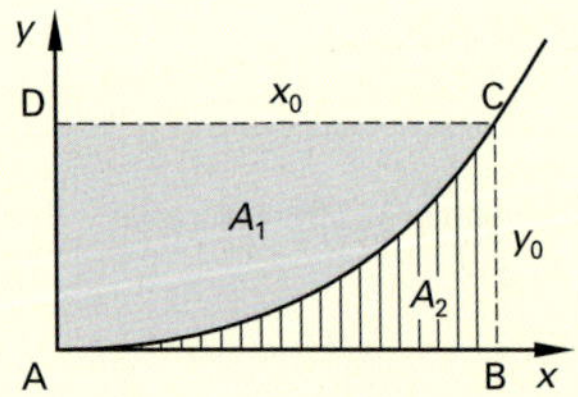

$$A_{Kreisring} = A_{Außenkreis} - A_{Innenkreis}$$

$$A_{Kreisring} = \frac{\pi}{4} \cdot D^2 - \frac{\pi}{4} \cdot d^2 = \frac{\pi}{4} \cdot (D^2 - d^2)$$

$$A_{Kreisring} = \pi \cdot \text{Dicke} \cdot (\text{äußerer Durchmesser} - \text{Dicke})$$

$$A_{Kreisring} = \pi \cdot s \cdot (D - s)$$

Die quadratische Parabel teilt das Rechteck ABCD im Verhältnis 2 : 1

$$A_1 = \frac{2}{3} \cdot x_0 \cdot y_0 \qquad A_2 = \frac{1}{3} \cdot x_0 \cdot y_0$$

Kreisausschnitt

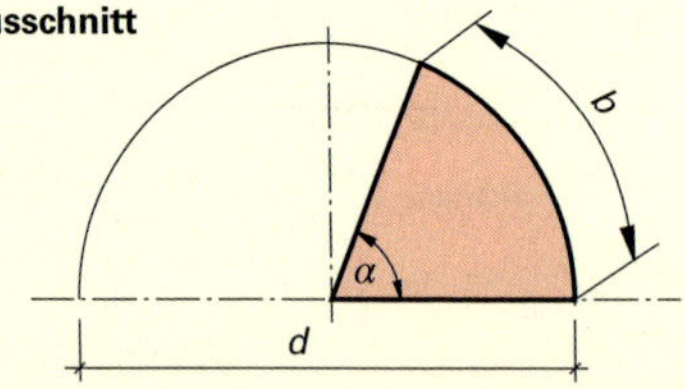

Kreisabschnitt

$$r = \frac{s^2}{8 \cdot h} + \frac{h}{2}$$

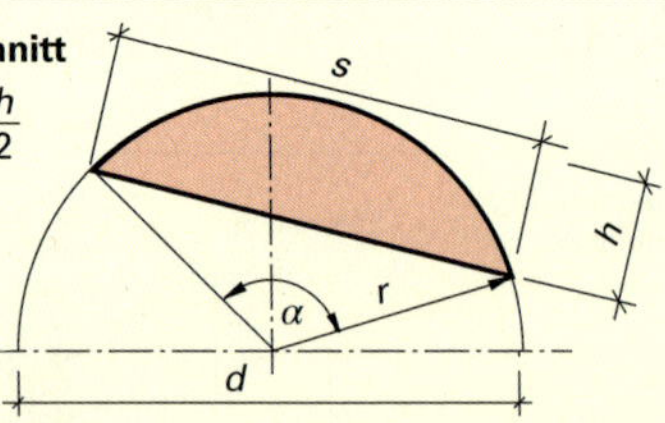

$$A_{Kreisausschnitt} = \frac{\pi}{4} \cdot d^2 \cdot \frac{\alpha}{360°}$$

$$A_{Kreisausschnitt} \approx 0{,}785 \cdot d^2 \cdot \frac{\alpha}{360°}$$

$$A_{Kreisausschnitt} = \frac{b \cdot d}{4}$$

Bogenlänge $b = \pi \cdot d \cdot \frac{\alpha}{360°}$

$$A_{Kreisabschnitt} = A_{Kreisabschnitt} - A_{Dreieck}$$

$$A_{Kreisabschnitt} = \frac{\pi}{4} \cdot d^2 \cdot \frac{\alpha}{360°} - \frac{s \cdot (r - h)}{2}$$

$$A_{Kreisabschnitt} \approx \frac{2}{3} \cdot \text{Sehne} \cdot \text{Höhe}$$

$$A_{Kreisabschnitt} \approx \frac{2}{3} \cdot s \cdot h$$

Körperberechnung

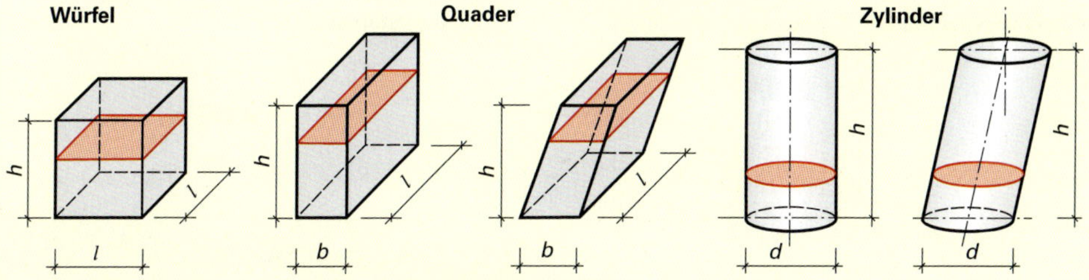

$$V = A \cdot h$$

$$h = \frac{V}{A}$$

$$A = \frac{V}{h}$$

$$\text{Oberfläche} = \text{Mantelfläche} + \text{Grundfläche} + \text{Deckfläche}$$

$$O = M + A_{\text{Grundfläche}} + A_{\text{Deckfläche}}$$

$$\text{Mantelfläche} = \text{Körperumfang} \cdot \text{Körperhöhe}$$

$$M = U \cdot h$$

Pyramide

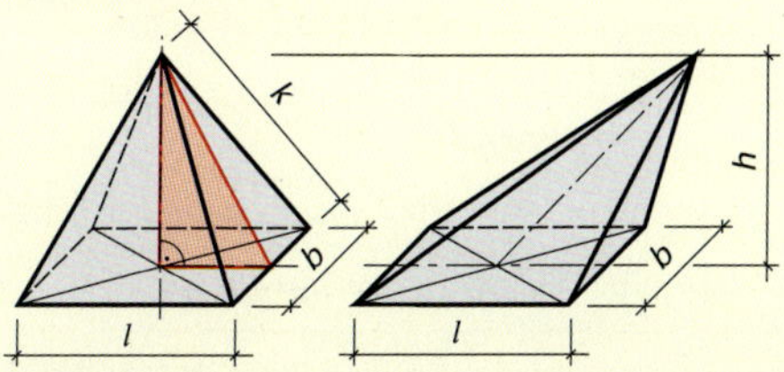

Kegel

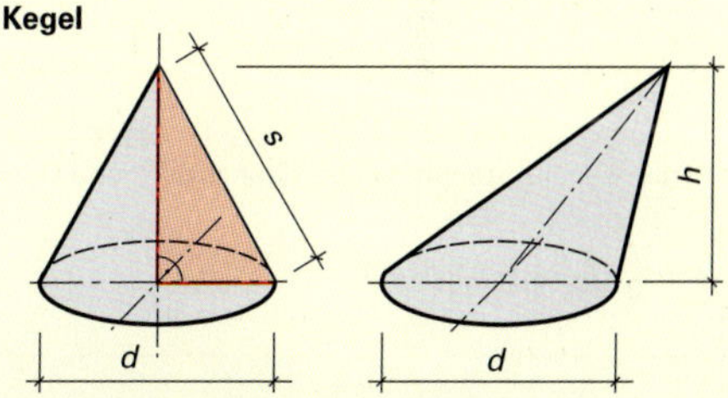

$$\text{Volumen} = \frac{1}{3} \cdot \text{Grundfläche} \cdot \text{Körperhöhe}$$

$$V = \frac{1}{3} \cdot A \cdot h$$

$$\text{Körperhöhe} = \frac{3 \cdot \text{Volumen}}{\text{Grundfläche}}$$

$$h = \frac{3 \cdot V}{A}$$

$$\text{Grundfläche} = \frac{3 \cdot \text{Volumen}}{\text{Körperhöhe}}$$

$$A = \frac{3 \cdot V}{h}$$

Abwicklung einer Pyramide

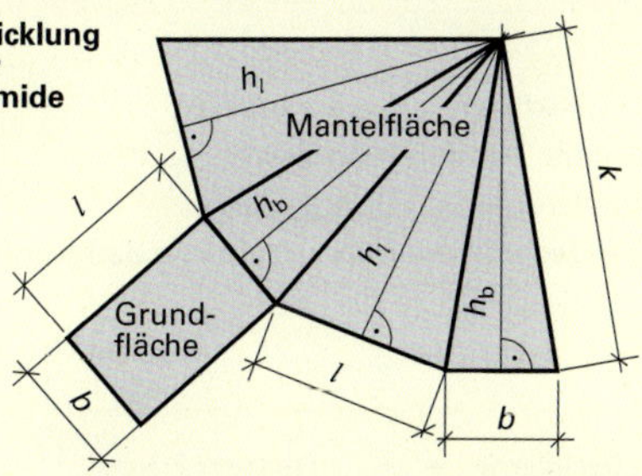

Abwicklung eines Kegels

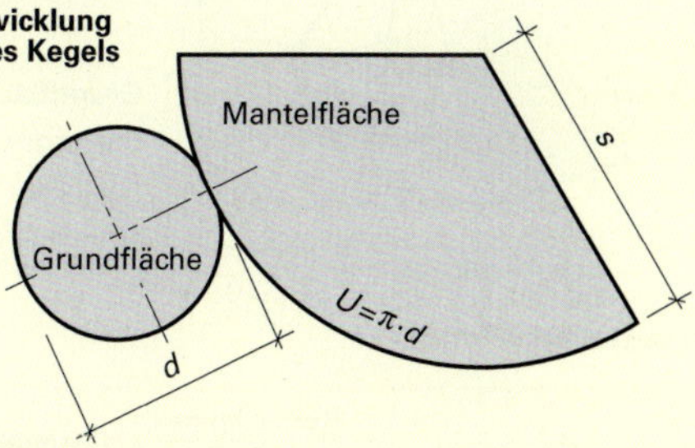

$$\text{Oberfläche} = \text{Mantelfläche} + \text{Grundfläche}$$

$$O = M + A$$

$$M = l \cdot h_l + b \cdot h_b$$

$$M = \frac{\pi \cdot d \cdot s}{2}$$

Körperberechnung (Fortsetzung)

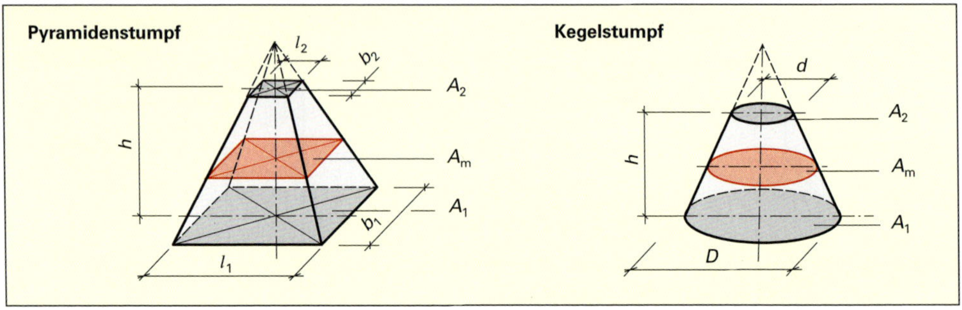

$$V_{Pyramidenstumpf} = V_{ganze\ Pyramide} - V_{abgeschnittene\ Pyramidenspitze}$$

$$V_{Kegelstumpf} = V_{ganzer\ Kegel} - V_{abgeschnittene\ Kegelspitze}$$

$$V_{Pyramidenstumpf} = \frac{\text{Körperhöhe}}{3} \cdot \left(\text{Grundfläche} + \text{Deckfläche} + \sqrt{\text{Grundfläche} \cdot \text{Deckfläche}}\right)$$

$$V = \frac{h}{3} \cdot \left(A_1 + A_2 + \sqrt{A_1 \cdot A_2}\right)$$

Pyramidenstumpf mit rechteckiger Grund- und Deckfläche

$$V = \frac{h}{3} \cdot (l_1 \cdot b_1 + l_2 \cdot b_2 + \sqrt{l_1 \cdot b_1 \cdot l_2 \cdot b_2})$$

Kegelstumpf

$$V = \frac{\pi \cdot h}{12} \cdot (D^2 + d^2 + D \cdot d)$$

$$V \approx 0{,}262 \cdot h \cdot (D^2 + d^2 + D \cdot d)$$

Näherungsweise Berechnung des Volumens geradlinig begrenzter Körper

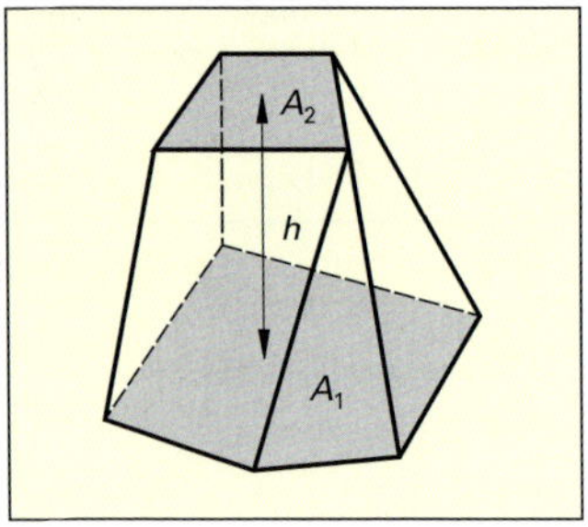

$$V_{stumpfer\ Körper} \approx \frac{\text{Grundfläche} + \text{Deckfläche}}{2} \cdot \text{Körperhöhe}$$

$$V \approx \frac{1}{2} \cdot (A_1 + A_2) \cdot h$$

Grundfläche A_1 und Deckfläche A_2 liegen parallel.
Sie können verschiedene Formen aufweisen.
h ist der Abstand von Grund- und Deckfläche.
Übliche Formel zur Berechnung der Volumina von Baugruben.

Simpson'sche Formel

$$V_{stumpfer\ Körper} = \frac{\text{Körperhöhe}}{6} \cdot (\text{Grundfläche} + \text{Deckfläche} + 4 \cdot \text{mittlere Fläche})$$

$$V = \frac{h}{6} \cdot (A_1 + A_2 + 4 \cdot A_m)$$

mittlere Fläche = mittlere Länge · mittlere Breite

$$A_m = \frac{(l_1 + l_2)}{2} \cdot \frac{(b_1 + b_2)}{2}$$

Körperberechnung (Fortsetzung)

Abwicklung eines Pyramidenstumpfs

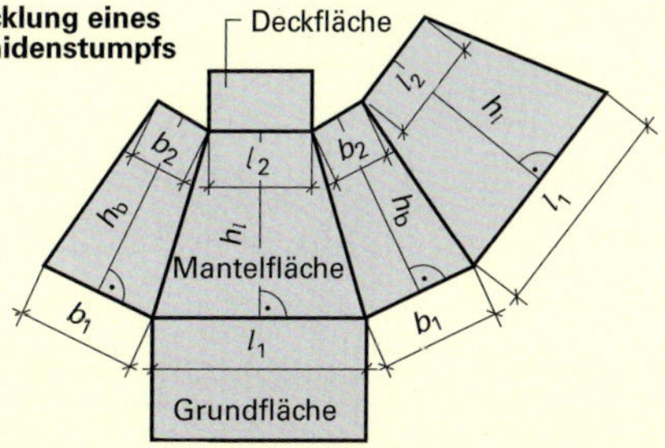

Abwicklung eines Kegelstumpfs

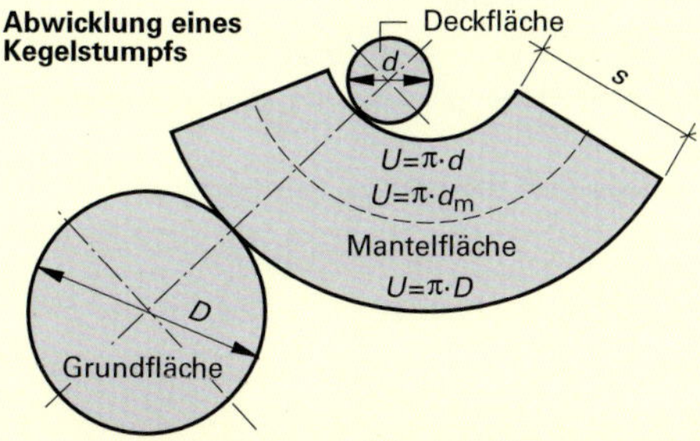

$O_{\text{stumpfe Körper}}$	=	Mantelfläche	+	Grundfläche	+	Deckfläche
O	=	M	+	A_1	+	A_2

Mantelfläche = Summe der Trapezflächen

$$M = (l_1 + l_2) \cdot h_l + (b_1 + b_2) \cdot h_b$$

Mantelfläche = mittlerer Umfang · Seitenlinie

$$M = \pi \cdot d_m \cdot s \quad \text{oder}$$

$$M = \frac{\pi \cdot s}{2} \cdot (D + d)$$

Kugel

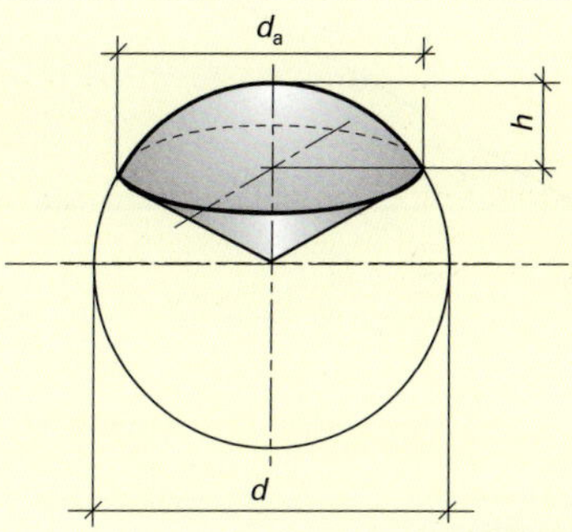

$$V_{\text{Kugel}} = \frac{\pi}{6} \cdot d^3 \qquad V \approx 0{,}524 \cdot d^3$$

$$O_{\text{Kugel}} = \pi \cdot d^2 \qquad O \approx 3{,}14 \cdot d^2$$

$$V_{\text{Kugelausschnitt}} = \frac{\pi}{6} \cdot d^2 \cdot h \qquad V \approx 0{,}534 \cdot d^2 \cdot h$$

$$O_{\text{Kugelausschnitt}} = \frac{\pi}{4} \cdot d \cdot (4 \cdot h + d_a) \qquad O \approx 0{,}785 \cdot d \cdot (4 \cdot h + d_a)$$

$$V_{\text{Kugelabschnitt}} = \pi \cdot h^2 \cdot \left(\frac{d}{2} - \frac{h}{3}\right) \qquad V \approx 3{,}14 \cdot h^2 \cdot \left(\frac{d}{2} - \frac{h}{3}\right)$$

$$M_{\text{Kugelabschnitt}} = \pi \cdot d \cdot h \qquad M \approx 3{,}14 \cdot d \cdot h$$

Winkelarten an Parallelen und an Schenkeln

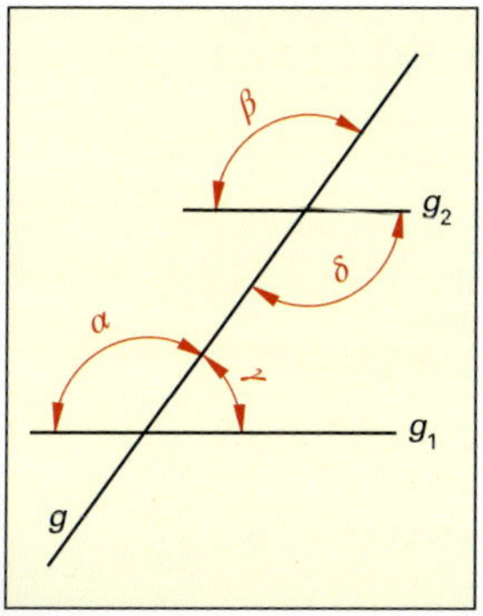

Werden zwei Parallelen g_1 und g_2 durch eine Gerade g geschnitten, so bestehen für die dabei gebildeten Winkel geometrische Zusammenhänge.

Stufenwinkel sind gleich groß: $\alpha = \beta$

Scheitelwinkel sind gleich groß: $\beta = \delta$

Wechselwinkel sind gleich groß: $\alpha = \delta$

Nebenwinkel ergänzen sich zu 180°: $\alpha + \gamma = 180°$

Stehen die Schenkel zweier Winkel paarweise rechtwinklig zueinander, dann sind die eingeschlossenen Winkel gleich.

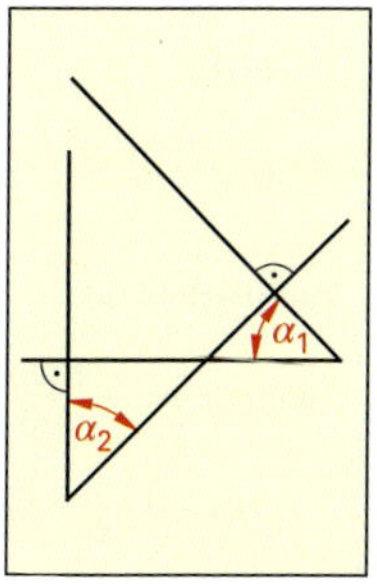

$$\alpha_1 = \alpha_2$$

Verhältnisrechnung

Verhältnisgleichung

$\boldsymbol{a : b = c : d} \quad \Rightarrow \quad \boldsymbol{b \cdot c = a \cdot d}$

Innenglied × Innenglied = Außenglied × Außenglied

Ähnlichkeit bei Dreiecken

$\boldsymbol{a' : a}$	$b' : b$	$c' : c$
$\boldsymbol{\frac{a'}{a}}$	$\frac{b'}{b}$	$\frac{c'}{c}$

$\boldsymbol{a' : a = b' : b}$	$b' : b = c' : c$	$a' : a = c' : c$
$\boldsymbol{\frac{a'}{a} = \frac{b'}{b}}$	$\frac{b'}{b} = \frac{c'}{c}$	$\frac{a'}{a} = \frac{c'}{c}$

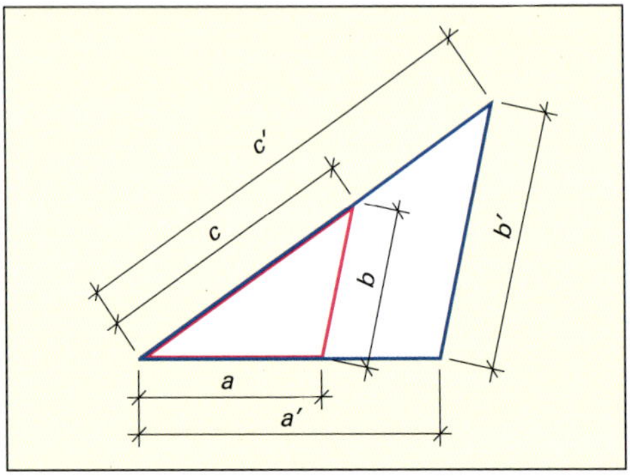

Seitenverhältnisse bei ähnlichen Dreiecken

Winkelfunktionen

Bezeichnungen an rechtwinkligen Dreiecken

Bezeichnungen der Katheten		
Kathete	Bezeichnung der Kathete bezogen auf Winkel α	Bezeichnung der Kathete bezogen auf Winkel β
a	Gegenkathete	Ankathete
b	Ankathete	Gegenkathete

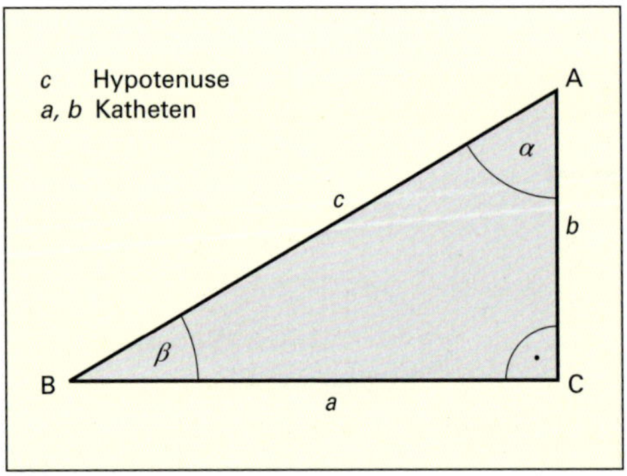

Winkelfunktionen	
Sinusfunktion	**Kosinusfunktion**
$\textbf{Sinus } \alpha = \dfrac{\textbf{Gegenkathete}}{\textbf{Hypotenuse}}$	$\textbf{Kosinus } \alpha = \dfrac{\textbf{Ankathete}}{\textbf{Hypotenuse}}$
$\boldsymbol{\sin\alpha = \frac{a}{c}}$ $\quad a = c \cdot \sin\alpha \quad c = \frac{a}{\sin\alpha}$	$\boldsymbol{\cos\alpha = \frac{b}{c}}$ $\quad b = c \cdot \cos\alpha \quad c = \frac{b}{\cos\alpha}$
$\sin\beta = \frac{b}{c} \quad b = c \cdot \sin\beta \quad c = \frac{b}{\sin\beta}$	$\cos\beta = \frac{a}{c} \quad a = c \cdot \cos\beta \quad c = \frac{a}{\cos\beta}$
Tangensfunktion	**Kotangensfunktion**
$\textbf{Tangens } \alpha = \dfrac{\textbf{Gegenkathete}}{\textbf{Ankathete}}$	$\textbf{Kotangens } \alpha = \dfrac{\textbf{Ankathete}}{\textbf{Gegenkathete}}$
$\boldsymbol{\tan\alpha = \frac{a}{b}}$ $\quad a = b \cdot \tan\alpha \quad b = \frac{a}{\tan\alpha}$	$\boldsymbol{\cot\alpha = \frac{b}{a}}$ $\quad b = a \cdot \cot\alpha \quad a = \frac{b}{\cot\alpha}$
$\tan\beta = \frac{b}{a} \quad b = a \cdot \tan\beta \quad c = \frac{b}{\tan\beta}$	$\cot\beta = \frac{a}{b} \quad a = b \cdot \cot\beta \quad b = \frac{a}{\cot\beta}$

Technisches Zeichnen/Bauzeichnungen

Normalprojektion

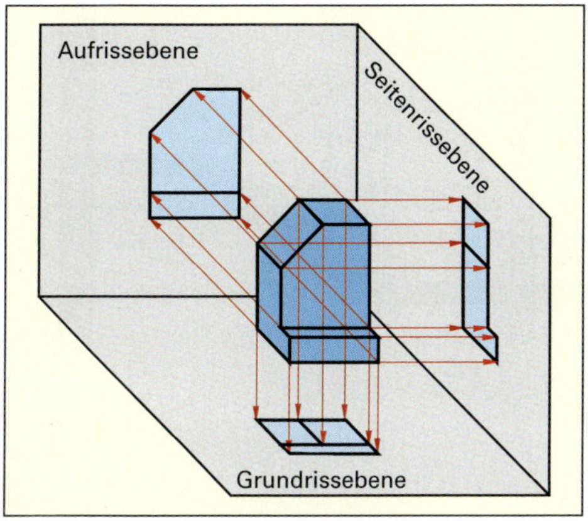

Normalprojektion in einer Raumecke

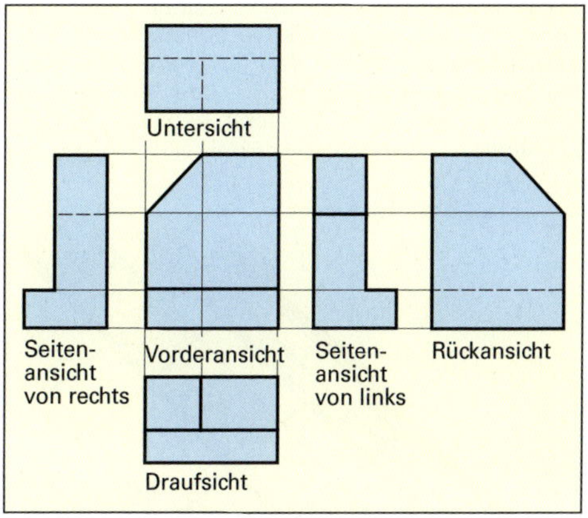

Anordnung und Bezeichnung der Ansichten

Räumliche Darstellung

Die am häufigsten angewandten räumlichen Darstellungen, auch axonometrische Projektionen oder Schrägbilder genannt, sind die **Isometrie,** die **Dimetrie** und die **Kavalierprojektion** (schräge Parallelprojektion). Bei diesen Projektionsarten wird der Körper in seinen drei Ausdehnungen auf einer Bildebene dargestellt.

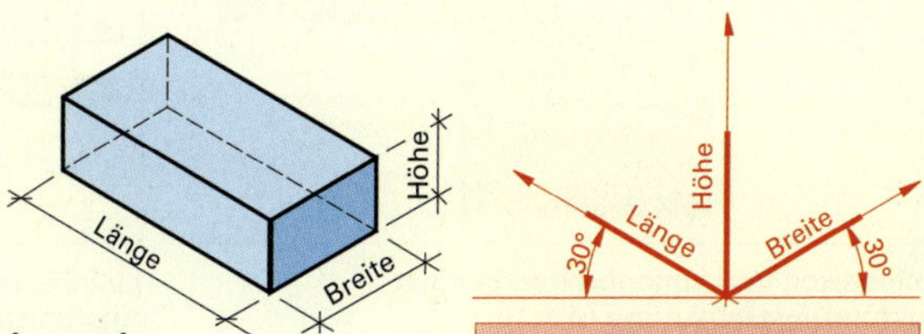

Isometrie

Länge:Höhe:Breite = 1 : 1 : 1

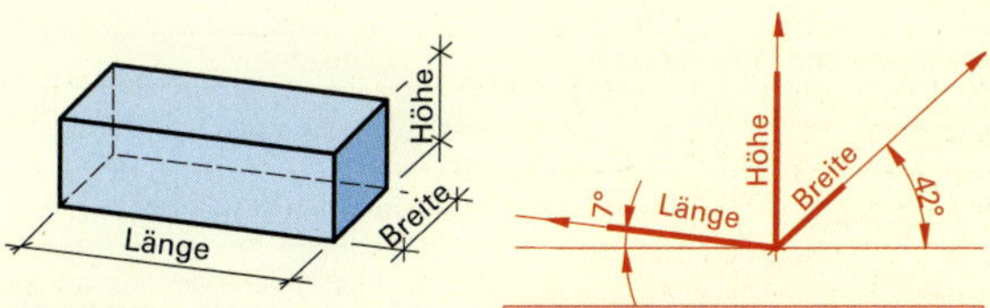

Dimetrie

Länge:Höhe:Breite = 1 : 1 : 1/2

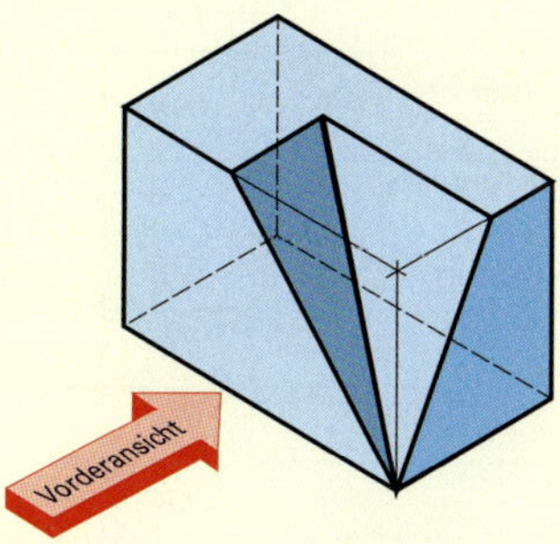

Körper in räumlicher Darstellung

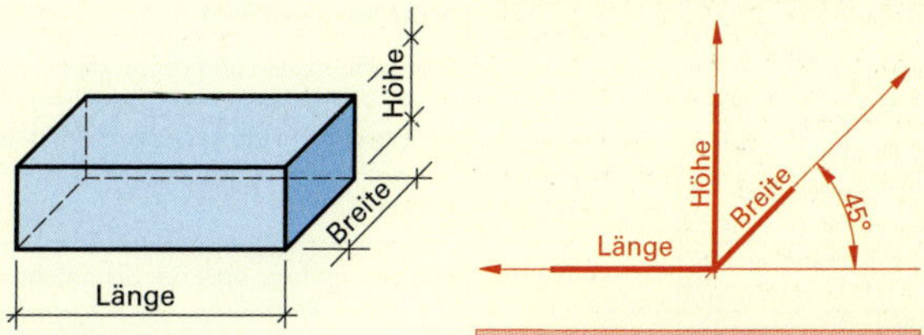

Kavalierprojektion

Länge:Höhe:Breite = 1 : 1 : 2/3

Linien in Bauzeichnungen

Um eine Zeichnung aussagekräftig und leicht lesbar zu machen, werden verschiedene Linienarten und Linienbreiten verwendet. Diese sind in DIN 1356 festgelegt. Die Linienbreiten der einzelnen Linienarten sind vom Zeichnungsmaßstab abhängig. Bei Bleistiftzeichnungen eignen sich für breite Linien weiche Zeichenminen z. B. F-, HB- oder B-Minen, für schmale Linien harte Zeichenminen, z. B. H- oder 2 H-Minen.

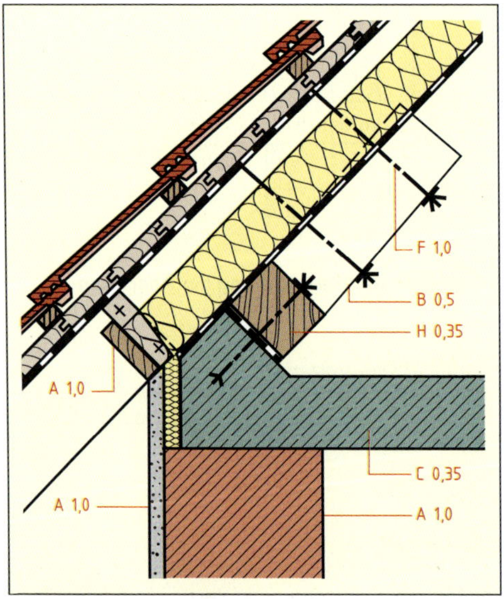

Linienarten und Linienbreiten in einer Ausführungszeichnung M 1:10

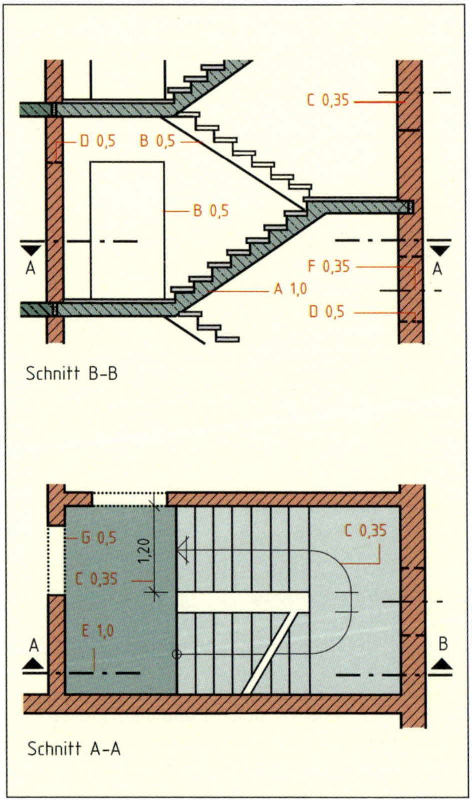

Linienarten und Linienbreiten in einer Ausführungszeichnung M 1:50

Linienarten und Linienbreiten					
Linienart			Anwendungsbereich	Linienbreiten in Abhängigkeit vom Zeichnungsmaßstab ≤ 1:100	≥ 1:50
				Linienbreiten in mm	
A	Volllinie, extra breit		Begrenzung von Schnittflächen	0,5	1,0
B	Volllinie, breit		Sichtbare Kanten und Umrisse von Bauteilen, Begrenzung von Schnittflächen schmaler und kleiner Bauteile	0,35	0,5
C	Volllinie, schmal		Maßlinien, Maßhilfslinien, Hinweislinien, Lauflinien, Pfeile, Begrenzung von Ausschnitten, Schraffuren	0,25	0,35
D	Strichlinie, breit		Verdeckte Kanten und verdeckte Umrisse von Bauteilen	0,35	0,5
E	Strichpunktlinie		Kennzeichnung der Lage der Schnittebene	0,5	1,0
F	Strichpunktlinie		Achsen	0,25	0,35
G	Punktlinie, breit		Bauteile vor bzw. über der Schnittebene	0,35	0,5
H	Freihandlinie		Schraffur für Schnittflächen von Holz	0,25	0,35

Beschriften von Bauzeichnungen

Bauzeichnungen müssen gut lesbar beschriftet werden. Die Beschriftung muss ausreichend und zweckmäßig angeordnet sein. In DIN EN ISO 3098 ist die Beschriftung von technischen Zeichnungen festgelegt.

Die **Schrifthöhe *h*** soll nicht kleiner als 2,5 mm, bei Verwendung von Groß- und Kleinbuchstaben nicht kleiner als 3,5 mm sein.

Für die **Linienbreite** ist 1/10 der Schrifthöhe vorgesehen.

Die **Zeilenabstände** betragen von Grundlinie zu Grundlinie (1/16) · *h*, wenn bei Großbuchstaben, z. B. Ä, Überlängen und bei Kleinbuchstaben, z. B. g, Unterlängen auftreten. Bei einer Schrift ohne Über- und Unterlängen betragen sie (14/10) · *h*.

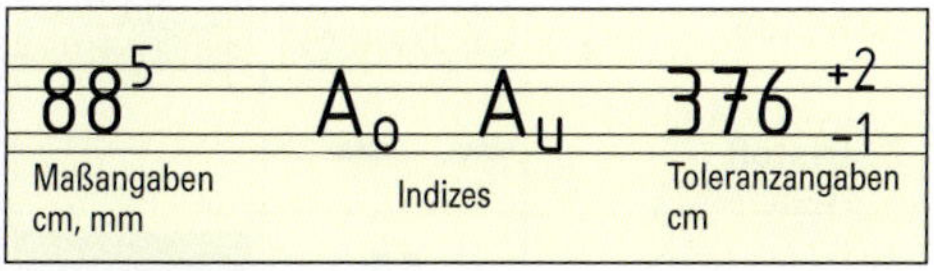

Schnittangaben sind mit der nächstgrößeren Schrifthöhe zu schreiben. So ist z. B. bei einer 3,5 mm hohen Schrift die Schnittangabe 5 mm hoch zu beschriften.

Alle Maße, Symbole und Wortangaben sind so einzutragen, dass sie von unten oder von rechts lesbar sind, wenn die Zeichnung in Leserichtung betrachtet wird.

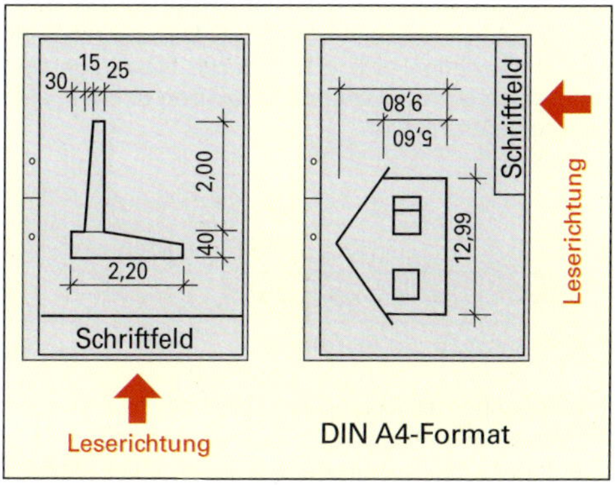

Maßzahlen sind mit geringem Abstand über der Maßlinie einzutragen und sollen mindestens 3,5 mm groß geschrieben werden. Bei Platzmangel können die Maßzahlen nach rechts oder nach links herausgetragen werden. Die in die Zeichnung eingetragenen Maße entsprechen der wirklichen Größe des Bauteils.

Maßeinheiten sind in Bauzeichnungen üblicherweise in m und cm anzugeben. Dabei werden alle Maße unter einem Meter in cm, alle über einem Meter in m geschrieben. Bruchteile von cm werden zur besseren Unterscheidung hochgesetzt. Bei Maßzahlen in Dezimalschreibweise ist als Dezimalzeichen das Komma anzuwenden. Die verwendeten Maßeinheiten werden hinter der Maßstabangabe im Schriftfeld angegeben z. B. 1:50 – m, cm.

Normschrift, Schriftform B – vertikal

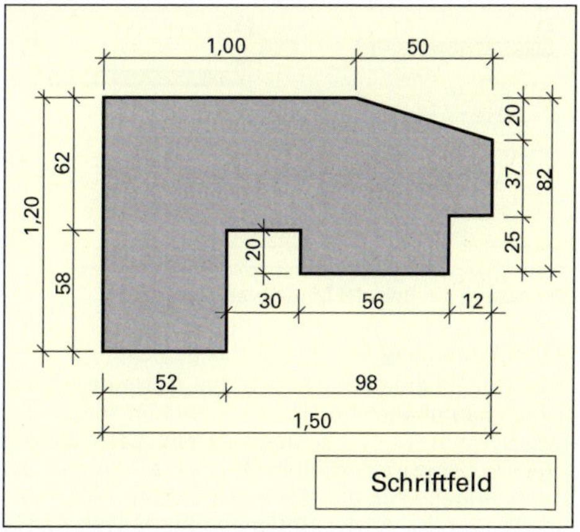

Beschriftung mit Maßzahlen

Bemaßen von Bauzeichnungen

Maßlinien sollen einen Abstand von mindestens 10 mm von den Körperkanten und etwa 7 mm von anderen parallel verlaufenden Maßlinien haben. Sie werden parallel zum anzugebenden Maß und der zu bemaßenden Strecke sowie rechtwinklig zu den zugehörigen Körperkanten oder Umrisslinien gezeichnet. Maßlinien sollen sich mit anderen Hilfslinien und untereinander möglichst nicht kreuzen oder sie sind kurz zu unterbrechen.

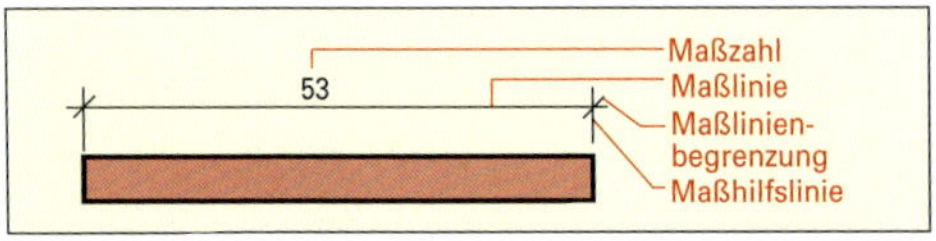

Benennungen für die Bemaßung

Maßlinienbegrenzungen kennzeichnen die Strecke, für die die eingetragene Maßzahl gelten soll.

Sie können festgelegt werden durch einen Schrägstrich unter 45°, der bezogen auf die Leserichtung der Maßzahl von links unten nach rechts oben etwa 4 mm lang gezeichnet wird, oder durch einen Punkt mit 1 mm oder 1,4 mm Durchmesser.

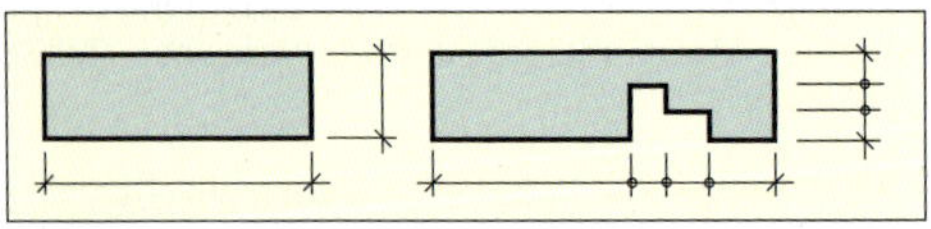

Maßlinienbegrenzung

Längenbemaßung

Wichtige Maße bei der Bauwerksbemaßung sind Außenmaße, Raummaße und Wanddicken. Außerdem unterscheidet man im Mauerwerksbau nach der Maßordnung im Hochbau Maße für Pfeiler (P), Öffnungen (Ö) und Vorlagen (V).

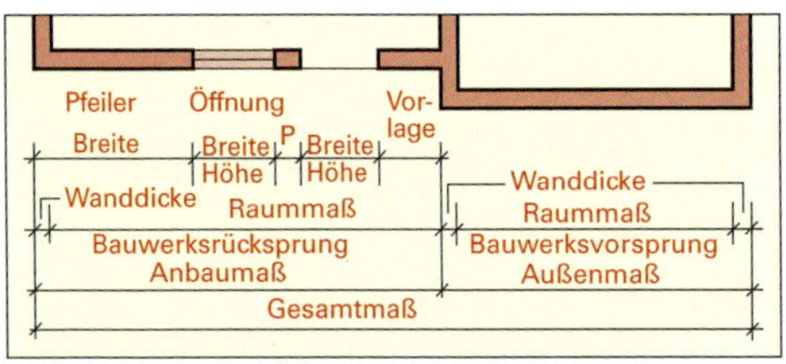

Bemaßung am Beispiel Mauerwerksbau

Höhenbemaßung

Eine Höhenbemaßung ist z. B. bei Geschosshöhen, lichten Raumhöhen und Fußbodenhöhen notwendig. Das Symbol für Höhenlagen ist ein gleichseitiges Dreieck. Schwarz ausgefüllt (▼ oder ▲) dient es der Höhenangabe für die Rohkonstruktion, nicht ausgefüllt (▽ oder △) der Höhenangabe für die Fertigkonstruktion.

Schraffuren und Farben in Bauzeichnungen

Schraffuren und Farben DIN 1356		
Mauerwerk aus		
– künstliche Steine		verkehrsrot
– Natursteinen		blaugrau
Beton		
– unbewehrt		olivgrün
– Stahlbeton		blaugrün
– Fertigteile		violett
Mörtel, Putz		weiß
Dämmstoff		orangegelb
Dichtstoff		fenstergrau
Sperrstoff		–
Stahl		schwarz
Vollholz		
quer zur Faser		braunbeige
längs zur Faser		braunbeige
Holzwerkstoffe		–
Erdreich		
gewachsen unverändert		schwarz/weiß
aufgefüllt verändert		schwarz/weiß
Kies		schwarz/weiß
Sand		schwarz/weiß

Symbole und Abkürzungen in Bauzeichnungen

Öffnungsarten von Türen im Grundriss

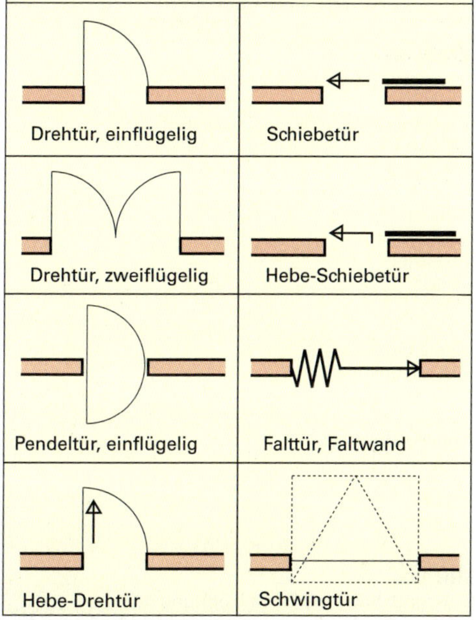

Öffnungsarten von Fenstern und in der Ansicht

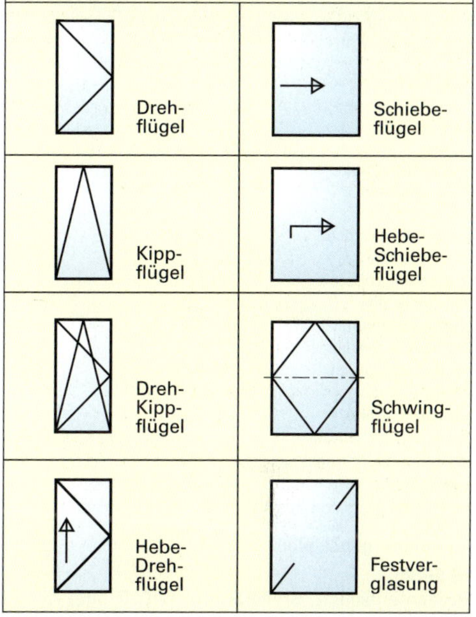

Steigungsrichtung bei Treppen und Rampen im Grundriss

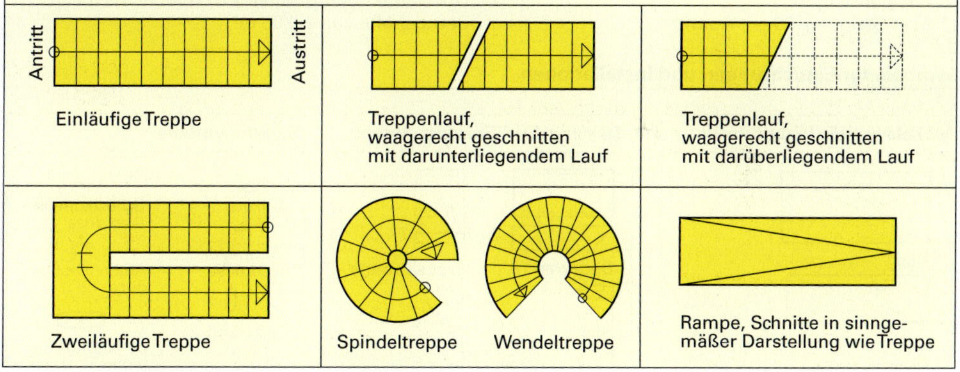

Darstellung von Schornsteinen und Schächten im Grundriss

Angabe der Schnittführung

Symbole und Abkürzungen in Bauzeichnungen (Fortsetzung)

Abkürzungen in Werkzeichnungen

Bezeichnung	Abkürzung	**Bezeichnung**	Abkürzung
Bauteile:		**Maßbezug:**	
Boden	B	Oberkante	OK
Decke	D	Unterkante	UK
Fundament	F	Oberkante Fertigfußboden	OK FFB ▽
Wand	W	Oberkante Rohfußboden	OK RFB ▼
Fertigfußboden	FFB ▽	Unterkante Decke	UK D
Rohfußboden	RFB ▼	über Normal Höhen Null	üNHN
		Normalhöhennull	NHN
Bodendurchbruch	BD	waagerecht	w
Bodenschlitz	BS	senkrecht	s
Deckendurchbruch	DD	Radius	*R*
Deckenschlitz	DS		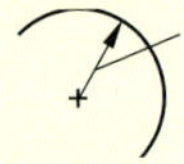 *R* = 2,10
Fundamentdurchbruch	FD		
Fundamentschlitz	FS	**Nutzungszweck:**	
Wanddurchbruch	WD	Elektroinstallation	E
Wandschlitz	WS	Gasinstallation	G
Brüstungshöhe	BRH	Heizungsinstallation	H
Rauchrohranschluss	RA	Lüftungsinstallation	L
Reinigungsöffnung	RÖ	Wasserinstallation	W
Steigung	STG (auch Stg)		

Anwendungsbeispiele

FS 26/25
Fundamentschlitz, Breite 26 cm, Tiefe (Höhe) 25 cm

16 Stg 17²/29
16 Treppensteigungen
17,2 cm Steigung, 29 cm Auftritt

BRH 1,00
Brüstungshöhe bis Fensteröffnung 1,00 m

▼ + 2,67
Oberkante Rohfußboden 2,67 m über der Bezugshöhe von ± 0,00 m

Symbole für Einrichtungen und Installationen

Möbelsymbole (Grundriss)

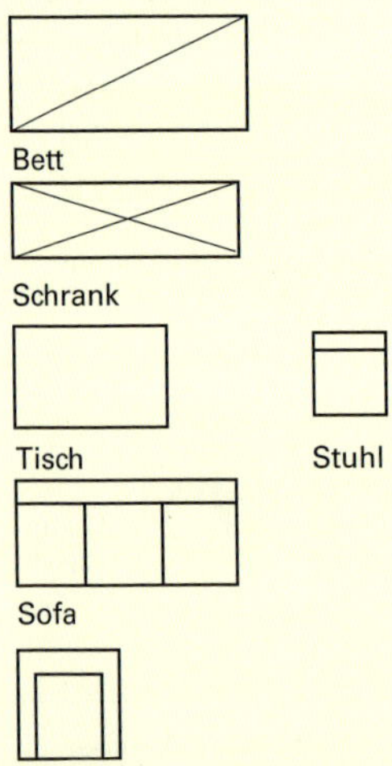

Sanitärsymbole (Grundriss, Ansicht)

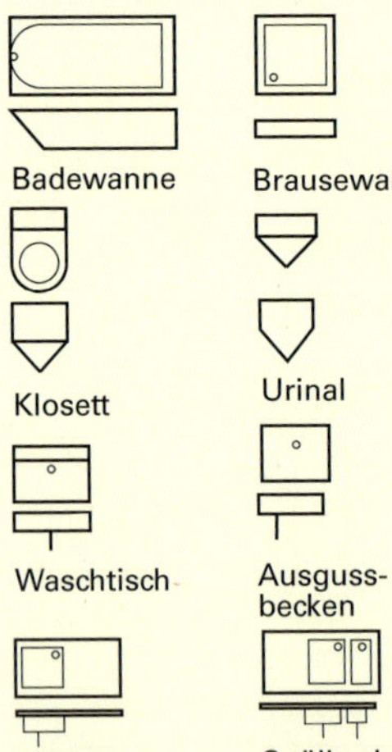

Elektrosymbole

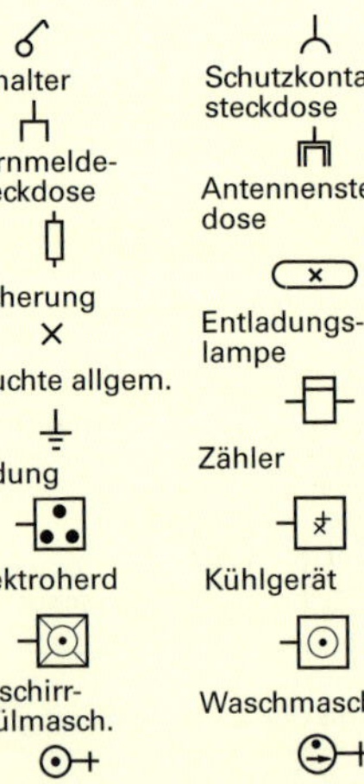

Darstellung von Aussparungen in Bauzeichnungen

Tiefe der Aussparung geringer als Bauteiltiefe

Beispiel einer Wandnische (WN)

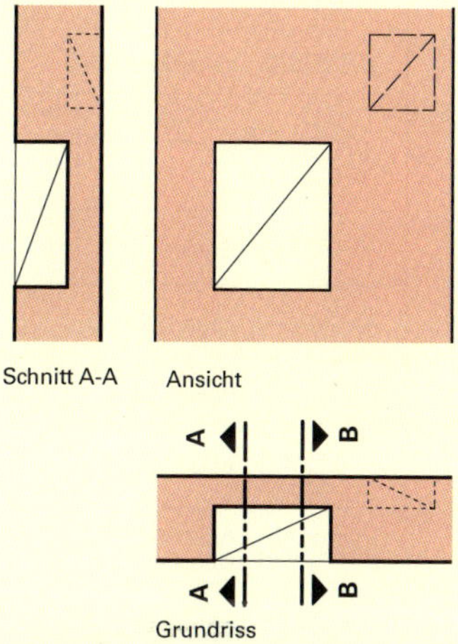

Tiefe der Aussparung gleich Bauteiltiefe

Beispiel eines Wanddurchbruches (WD)

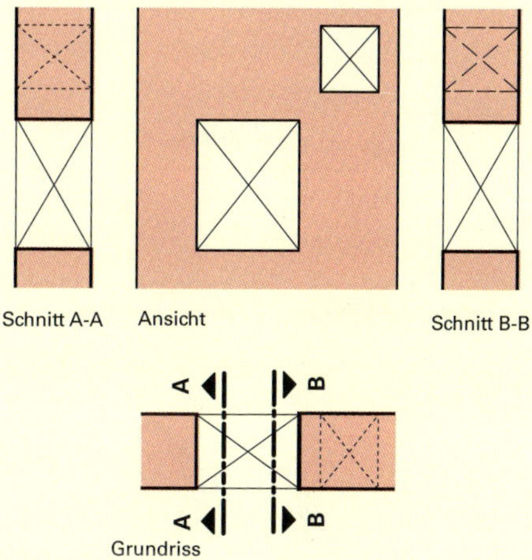

Beispiel für die Darstellung von Aussparungen

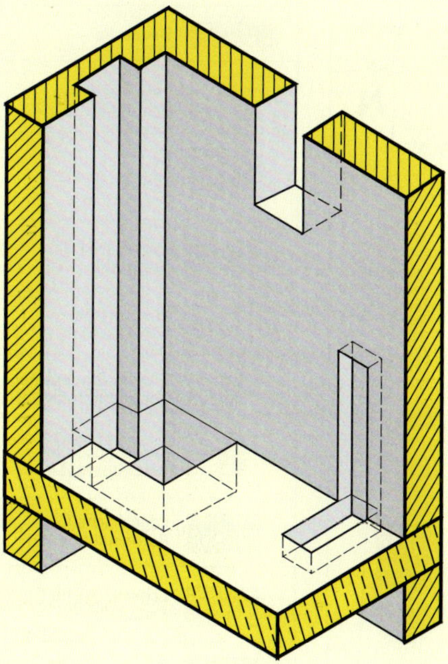

Isometrie

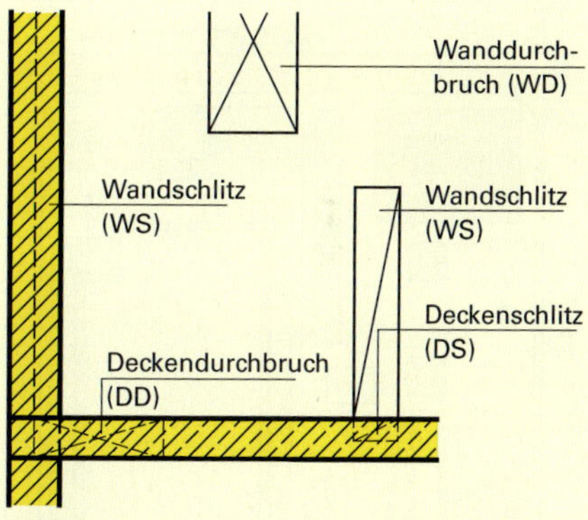

Schnitt

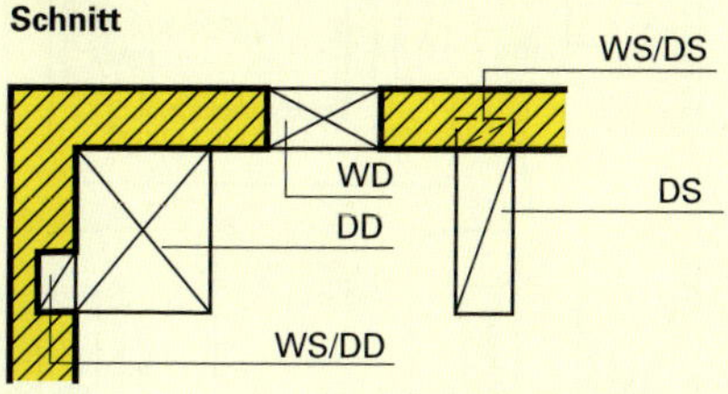

Grundriss

Baustellen einrichten

Erschließen und Einrichten der Baustelle

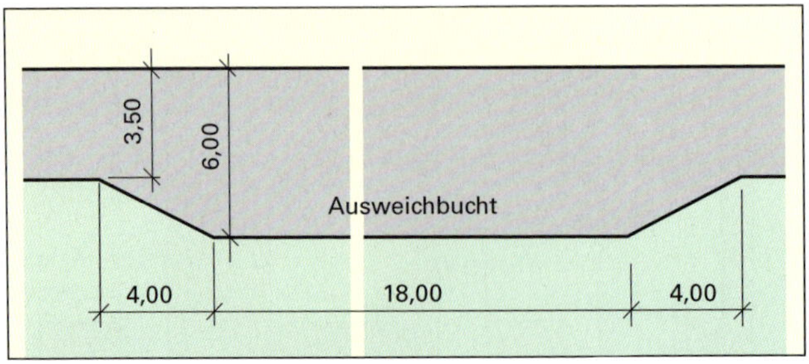

Baustellenerschließung mit einer Umfahrt

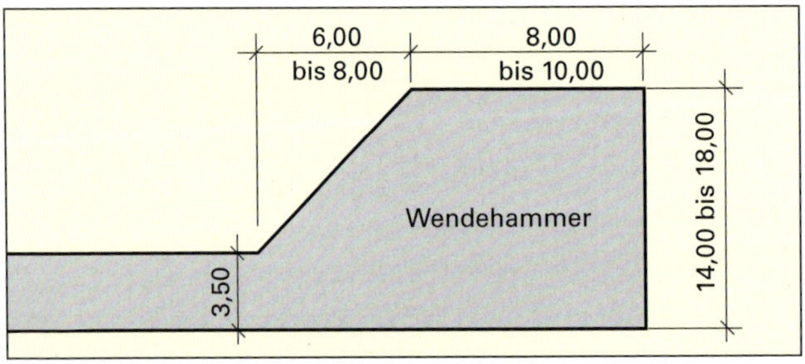

Baustellenerschließung mit einer Stichstraße

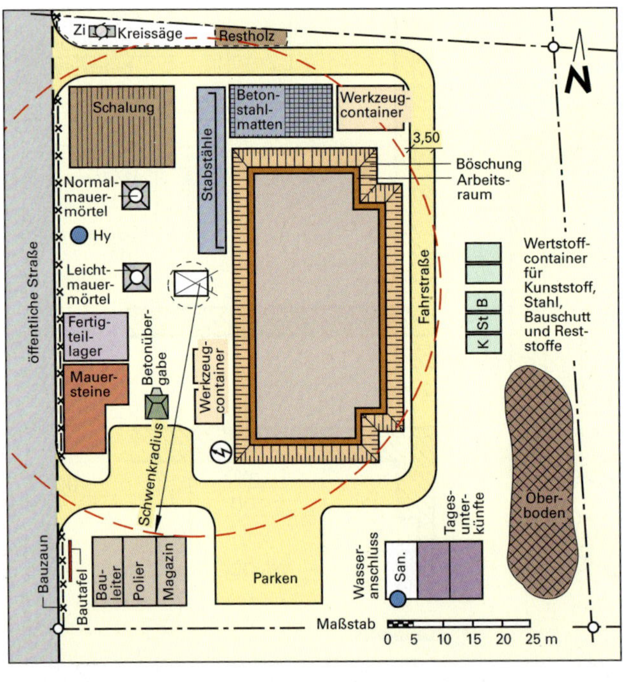

Symbole und Abkürzungen für Baustelleneinrichtungen

Symbol	Bedeutung
	ausgebaute Straße
	befestigter Weg
R	Turmdrehkran (TDK)
— · — · —	Grenze
—×—×—	Zaun (Bauzaun)
	Böschung
	Kies, Sand
	Aushub, Oberboden
Hy	Wasser
S | St | K	Wertstoffcontainer
	Baustromverteiler
Mauersteine	Baustoffe
San	Sanitäre Einrichtungen 15 m²
Polier	Baustellenunterkünfte z.B. Polier 15 m²
	Lagerfläche für Stabstahl
Zi	Zimmerplatz mit Kreissäge
	Silo für Bindemittel oder Fertigmörtel
	Zwischensilo für Betonübergabe
	Lagerfläche für Betonstahlmatten
	Lagerfläche für Fertigteile
	Lagerfläche für Schalung

Verkehrssicherung der Baustelle

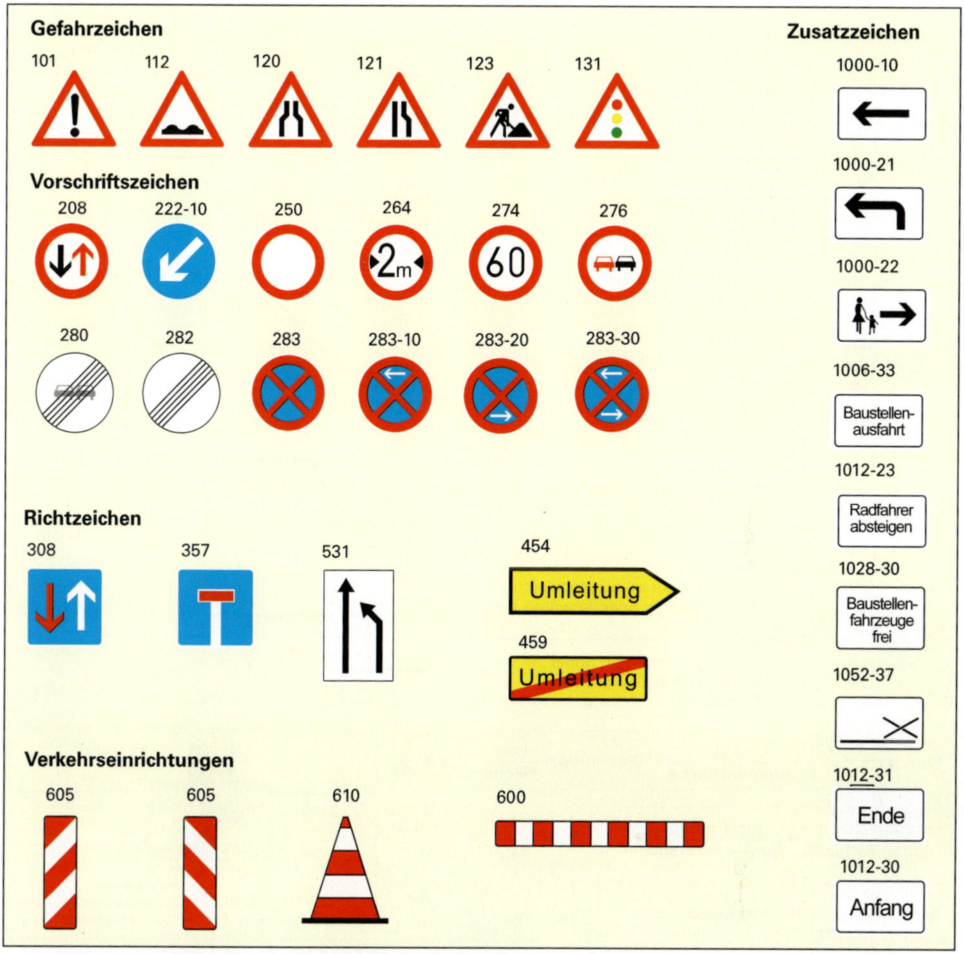

Verkehrszeichen und Verkehrseinrichtungen aus der StVO

Aufstellentfernung von Verkehrszeichen (VZ)			
	Straßen		
Zeichen	mit zwei und mehr Fahrstreifen in einer Richtung	mit zwei Fahrstreifen	in geschwindig-keitsreduzierten Bereichen
123	70 m bis 100 m	50 m bis 70 m	30 m bis 50 m
120, 121	–	30 m bis 50 m	–
274, 276	30 m bis 50 m	50 m bis 70 m	–
131	–	30 m bis 50 m	30 m bis 50 m
112	30 m bis 50 m	10 m bis 30 m	10 m bis 30 m
208, 308	–	0 m bis 10 m	0 m bis 10 m
274, 280, 282	10 m bis 20 m	0 m bis 10 m	–

Der **Verkehrszeichenplan** soll zeichnerisch darstellen, welches Verkehrsschild an welcher Stelle aufgestellt wird.

- Verkehrszeichen sind fortlaufend in Fahrtrichtung aufzustellen.
- An einem Pfosten sollen nur zwei Schilder befestigt werden.
- Die Aufstellung erfolgt am rechten Fahrbahnrand.
- Das Zeichen VZ 123 „Baustelle" ist zwingend erforderlich.

Bauwerke erschließen und gründen

Bauwerksgründung

Böschungswinkel und Auflockerung bei Erdarbeiten

Boden-art	Lösbarkeit	Beschreibung	Böschungswinkel nach UVV	Auflockerung in %	Auflockerung Faktor
Boden	Oberboden	oberste Schicht des Bodens	für diese Bodenklassen sind keine Böschungswinkel festgelegt	15	1,15
	fließende Bodenarten	flüssiger bis breiiger Boden, wasserhaltend		–	–
	leicht lösbare Bodenarten	nichtbindige Böden (Sand, Kiessand)	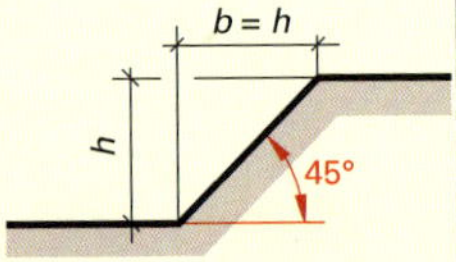	15	1,15
	mittelschwer lösbare Bodenarten	weiche bindige Böden		20 bis 25	1,20 bis 1,25
	schwer lösbare Bodenarten	mindestens steifer bindiger Boden	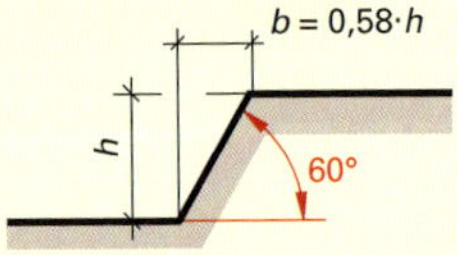	30 bis 40	1,30 bis 1,40
Fels	leicht lösbarer Fels und vergleichbare Bodenarten	Felsarten, die stark klüftig, brüchig oder verwittert sind	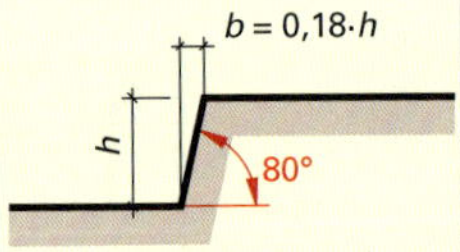		
	schwer lösbarer Fels	Felsarten mit hoher Gefügefestigkeit		40 bis 50	1,40 bis 1,50

$$\textbf{Sohldruck} = \frac{\textbf{Auflast}}{\textbf{Fundamentfläche}} \qquad \textbf{Spannung} = \frac{\textbf{Last}}{\textbf{Fläche}} \qquad \sigma = \frac{F}{A}$$

$$\textbf{erforderliche Fundamentfläche} = \frac{\textbf{Einwirkung}}{\textbf{Sohlwiderstand}} \qquad A_{erf} = \frac{F}{\sigma_{R,d}} \text{ in } \frac{kN}{kN/m^2}$$

$$\textbf{Sohldruck} \leq \textbf{Sohlwiderstand} \qquad \sigma_{E,d} \leq \sigma_{R,d} \text{ in } \frac{kN}{m^2}$$

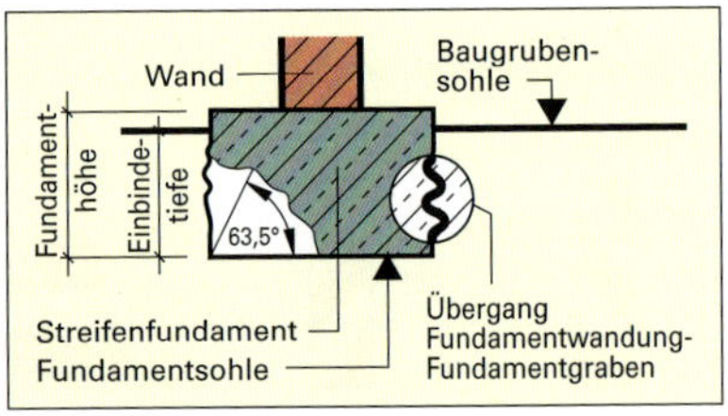

Bemessungswerte des Sohldruckwiderstands bei Flachgründungen (vereinfachte Mittelwerte)

Bodenart		Bodenart	
Nichtbindige Böden, fest gelagert	$\sigma_{R,d}$ in kN/m²	**Fels** mit geringer Klüftung, unverwittert, mit geschlossener Schichtenfolge	$\sigma_{R,d}$ in kN/m²
Fein- und Mittelsand bis zu 1 mm Korngröße Grobsand von 1 mm bis 2 mm Korngröße Kiessand mit mind. 40 M.-% Kies und Kiessand bis 63 mm Korngröße	200 300 700	▪ von geringer Festigkeit ▪ in fester Beschaffenheit ▪ in massiger Ausbildung, gesund	1000 1500 4000
Bindige Böden (Lehm, Ton, Mergel)	$\sigma_{R,d}$ in kN/m²	**Merkmale bindiger Böden**	
breiig	–	▪ quillt beim Pressen in der Faust durch die Finger;	
weich	–	▪ lässt sich leicht kneten;	
steif	130 ... 200	▪ lässt sich schwer kneten, aber in der Hand zu 3 mm dicken Röllchen ausrollen ohne zu reißen oder zu zerbröckeln;	
halbfest	200 ... 300	▪ bröckelt und reißt beim Ausrollen der 3 mm dicken Röllchen, ist so feucht, dass er sich zu einem Klumpen formen lässt;	
fest	280 ... 400	▪ ist ausgetrocknet, nicht mehr knetbar und zerbricht. Ein Zusammenballen der Teile ist nicht mehr möglich.	

Haus- und Grundstücksentwässerung

Mindestgrabenbreite in Abhängigkeit von der Grabentiefe

Grabentiefe (m)	Mindestgrabenbreite (m)
bis 1,00	keine Vorgabe
über 1,00 unter 1,75	0,80
über 1,75 unter 4,00	0,90
über 4,00	1,00

Mindestgefälle von Entwässerungsleitungen

Nennweite (DN)	Misch- und Schmutzwasser	Regenwasser
DN 100	2 %	1 %
DN 125	1,5 %	1 %
DN 150	1,5 %	1 %
DN 200	1 %	1 %

Mindestgrabenbreite in Abhängigkeit vom Leitungsdurchmesser

Äußerer Leitungs- bzw. Rohrschaft-durchmesser D (m)	Mindestgrabenbreite b (m)		
	Verbauter Graben	Unverbauter Graben $\beta > 60°$	Unverbauter Graben $\beta \leq 45°$
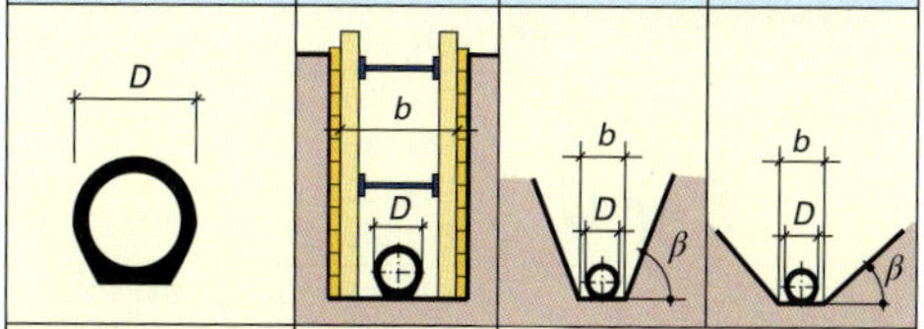			
≤ 0,225	$D+0{,}40$	$D+0{,}40$	
> 0,225 bis ≤ 0,350	$D+0{,}50$	$D+0{,}50$	$D+0{,}40$
> 0,350 bis ≤ 0,700	$D+0{,}70$	$D+0{,}70$	$D+0{,}40$
> 0,700 bis ≤ 1,200	$D+0{,}85$	$D+0{,}85$	$D+0{,}40$
> 1,200	$D+1{,}00$	$D+1{,}00$	$D+0{,}40$

Steigungsverhältnis und Berechnung der Grundlänge

$$\text{Steigungsverhältnis} = \frac{\text{Höhe}}{\text{Grundlänge}}$$

$$S_v = \frac{h}{l}$$

$$h = S_v \cdot l$$

$$l = \frac{h}{S_v}$$

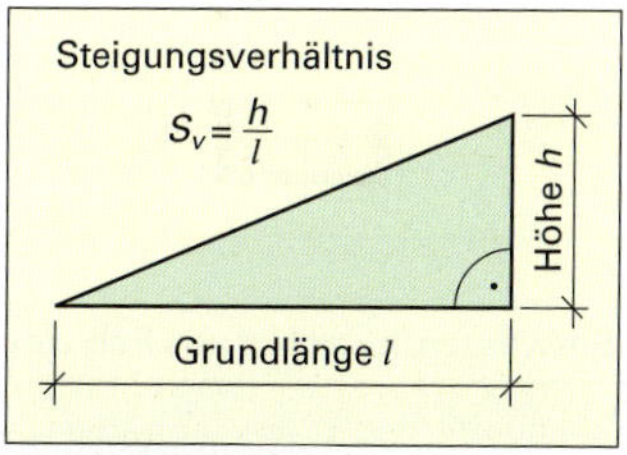

Steigungsverhältnis

Steigungsverhältnis (Gefälle) als Prozentsatz

Die Höhe h in m wird auf die Grundlänge von l von 100 m bezogen.

$$\text{Gefälle (\%)} = \frac{\text{Höhe} \cdot 100\,\%}{\text{Grundlänge}}$$

$$p\,(\%) = \frac{h \cdot 100\,\%}{l}$$

$$h = \frac{p\,\% \cdot l}{100\,\%}$$

$$l = \frac{h \cdot 100\,\%}{p\,\%}$$

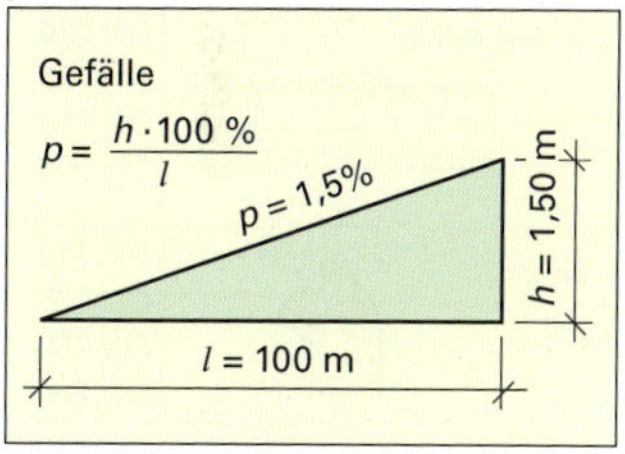

Steigungsverhältnis als Prozentsatz

Steigungsverhältnis (Gefälle) als Zahlenverhältnis (Neigungsverhältnis)

Das kleinere Maß im Zahlenverhältnis wird auf 1 festgelegt.

$$\text{Verhältniszahl} = \frac{\text{Grundlänge}}{\text{Höhe}}$$

$$n = \frac{l}{h}$$

$$l = n \cdot h$$

$$h = \frac{l}{n}$$

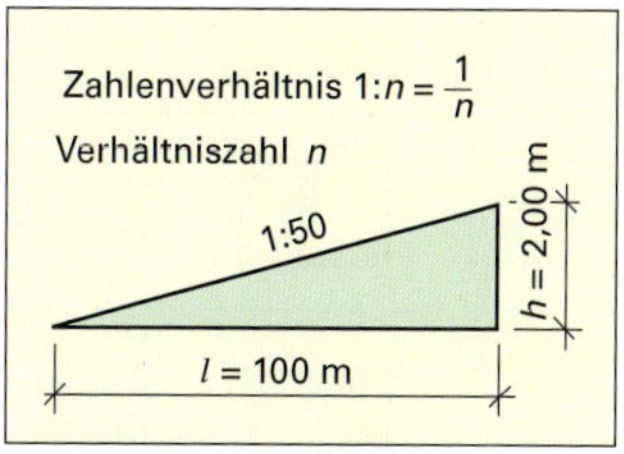

Steigungsverhältnis als Zahlenverhältnis

Haus- und Grundstücksentwässerung (Fortsetzung)

Entwässerungsrohre aus Steinzeug (Auszug aus dem Lieferprogramm)

Leitungsteile	Nennweite	Außendurchmesser *D* in mm	wichtige Baumaße	Verpackungseinheit
gerade Rohre 	DN 100 DN 125 DN 150 DN 200	131 159 186 242	Baulängen in m 1,00 1,25 2,50	20 Stück/Bündel
Bogen 	DN 100 DN 125 DN 150 DN 200	–	Winkelmaße 15° 30° 45° (90°)	Einzelstücke
Abzweige 45° (90°) 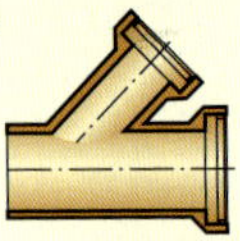	DN 100/100 DN 200/100 DN 125/100 DN 200/125 DN 125/125 DN 200/150 DN 150/100 DN 200/200 DN 150/125 DN 150/150	–	Baulänge in m 0,40 (0,50)	Einzelstücke
Übergänge 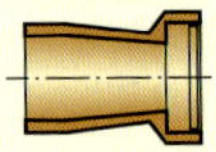	DN 100/125 DN 100/150 DN 125/150 DN 150/200	–	Baulänge in m 0,25	Einzelstücke
Verschlussteller 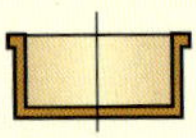	DN 100 DN 125 DN 150 DN 200	–	–	Einzelstücke

Entwässerungsrohre aus Polyvinylchlorid (PVC-U) (Auszug aus dem Lieferprogramm)

Leitungsteile	Nennweite	Außendurchmesser *D* in mm	wichtige Baumaße	Verpackungseinheit
gerade Rohre 	DN 110 DN 125 DN 160 DN 200	116 131 168 210	Baulängen in m 0,50 1,00 2,00 3,00 5,00	108 Stück/Palette 80 Stück/Palette 48 Stück/Palette 32 Stück/Palette 14 Stück/Palette
Bogen 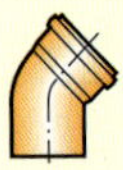	DN 110 DN 125 DN 160 DN 200	–	Winkelmaße 15° 30° 45° 67,5° 87,5°	Einzelstücke
Abzweige 45° (90°) 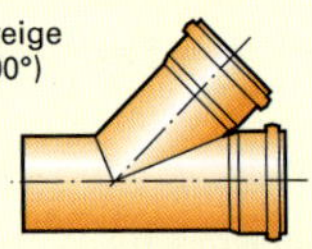	DN 110/110 DN 200/110 DN 125/110 DN 200/125 DN 125/125 DN 200/160 DN 160/110 DN 200/200 DN 160/125 DN 160/160	–	Baulängen in m ~ 0,16 bis ~ 0,31	Einzelstücke
Übergänge 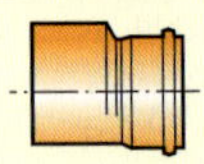	DN 110/125 DN 110/160 DN 125/160 DN 160/200	–	Baulängen in m ~ 0,25 bis ~ 0,31	Einzelstücke
Verschlussteller 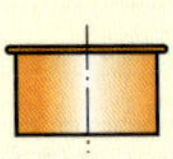	DN 110 DN 125 DN 160 DN 200	–	–	Einzelstücke

Haus- und Grundstücksentwässerung (Fortsetzung)

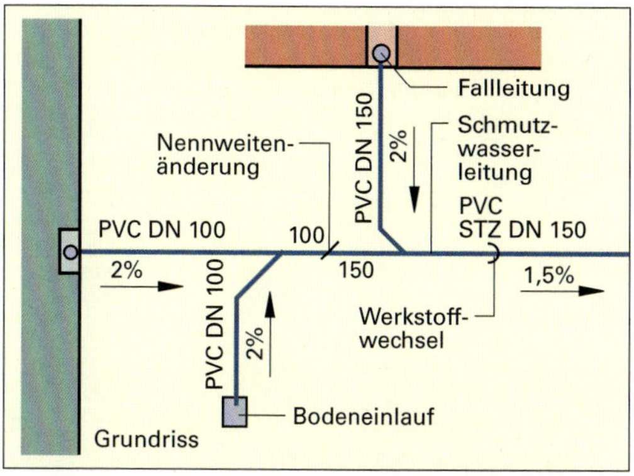

Entwässerungszeichnung im Grundriss (Ausschnitt)

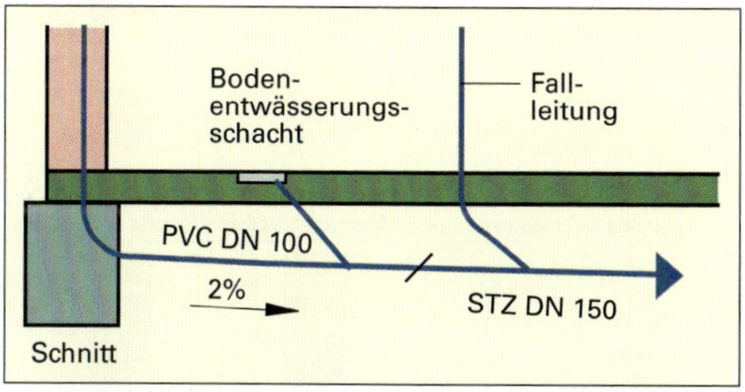

Entwässerungszeichnung im Schnitt (Ausschnitt)

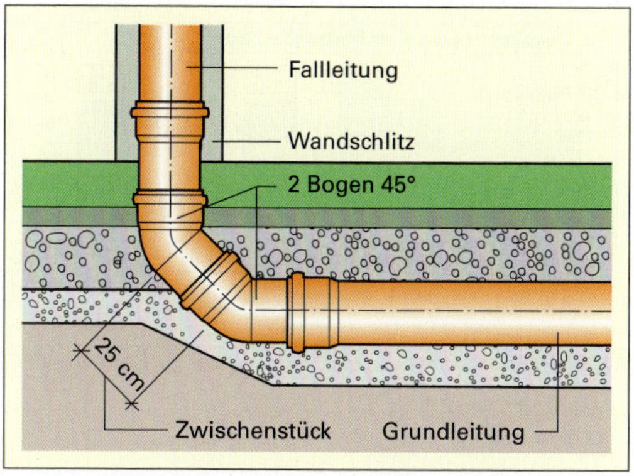

Übergang senkrechte in eine liegende Leitung

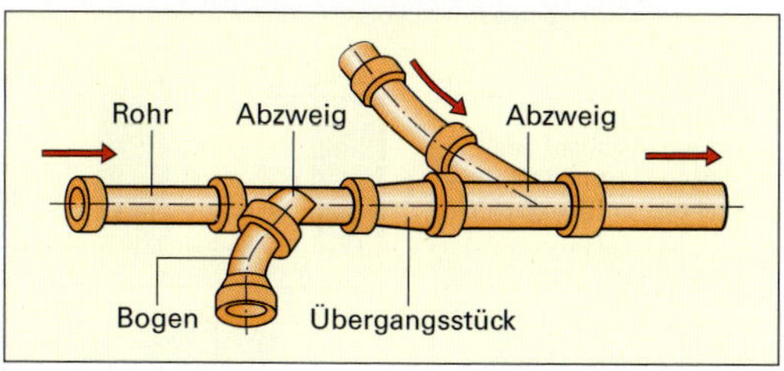

Rohrleitungsteile

Symbole für Entwässerungszeichnung	
Schmutzwasserleitung	
Regenwasserleitung	
Mischwasserleitung	
Lüftungsleitung	
Fallleitung	
Dränleitung	
Nennweitenänderung	100 125
Werkstoffwechsel	PVC STZ
Reinigungsrohr	
Reinigungsverschluss	
Ablauf- oder Entwässerungsrinne	
Spülrohr (Dränung)	SP
Schacht mit offenem Durchfluss	
Schacht mit geschlossenem Durchfluss	
Schlammfang	S
Benzinabscheider	B
Heizölsperre	HSP
Nenndurchmesser	DN
Sohle, Deckel	S, D
Kontrollschacht	KS
Regenfallrohr	RR
Fließrichtung	
Gefälleangabe	.....%, ...‰
Betonrohr	BE
Schleuderbetonrohr	SB
Steinzeugrohr	STZG
Kunststoffrohr	PVC

Straßen- und Wegebau

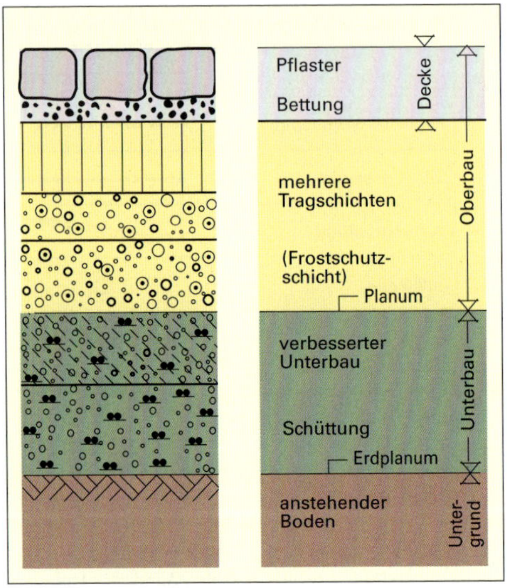

Bauweise von Pflasterdecke

Richtwerte für die Mindestdicke des Straßenoberbaus

Untergrund	Frostempfindlichkeitsklasse	Nutzung für Belastungsklasse Bk 1,0 und Bk 0,3	Gesamtdicke	Radwege, Gehwege
wasserdurchlässig, nicht frostempfindlich	F1	Anliegerstraße, befahrbarer Wohnweg, auch mit Lkw-Anlieferung	40 cm bis 55 cm	30 cm bis 45 cm
bedingt oder nicht wasserdurchlässig, frostempfindlich	F2		50 cm bis 65 cm	30 cm bis 45 cm
	F3		60 cm bis 75 cm	30 cm bis 45 cm

Bauweisen mit Pflasterdecken für Fahrbahnen auf F2- und F3-Untergrund/Unterbau
(Dicken in cm)

Belastungsklasse	Bk 1,0				Bk 0,3			
Dicke des frostsicheren Oberbaues	45	55	65	75	35	45	55	65
Schottertragschicht auf Frostschutzschicht								
Pflasterdecke / Schottertragschicht / Frostschutzschicht	8 / 4 / 20 / 32				8 / 4 / 15 / 27			
Dicke der Frostschutzschicht	–	–	33	43	–	18	28	38
Kiestragschicht auf Frostschutzschicht								
Pflasterdecke / Kiestragschicht / Frostschutzschicht	8 / 4 / 25 / 37				8 / 4 / 20 / 32			
Dicke der Frostschutzschicht	–	–	28	38	–	–	23	33
Schotter- oder Kiestragschicht auf frostunempfindlichem Material als Tragschicht								
Pflasterdecke / Schotter- oder Kiestragschicht / Tragschicht aus frost-unempfindlichem Material	8 / 4 / 30 / 42				8 / 4 / 25 / 37			
Dränbetontragschicht auf Frostschutzschicht								
Pflasterdecke / Dränbetontragschicht (DBT) / Frostschutzschicht	8 / 4 / 15 / 27				8 / 4 / 15 / 27			
Dicke der Frostschutzschicht	–	28	38	48	–	18	28	38

Bauweisen für Rad- und Gehwege (Dicken in cm)

Bauweisen mit	Pflasterdecke		Plattenbelag	
Dicke des frostsicheren Oberbaues	30	40	30	40
Schotter- oder Kiestragschicht auf Tragschicht aus frostunempfindlichem Material				
Decke / Schotter- oder Kiestragschicht / Schicht aus frostunempfindlichem Material	8 / 4 / 15 / 27		8 / 4 / 15 / 27	
Dicke der Tragschicht aus frostunempfindlichem Material	–	13	–	13

Bauweisen mit	Pflasterdecke		Plattenbelag	
Dicke des frostsicheren Oberbaues	30	40	30	40
Schotter- oder Kiestragschicht auf Planum				
Decke / Schotterschicht, Kiestragschicht oder kombinierte Frostschutz- und Tragschicht	8 / 4 / 12		8 / 4 / 12	
Dicke der Schotter- oder Kiestragschicht	18	28	18	28

Straßen- und Wegebau (Fortsetzung)

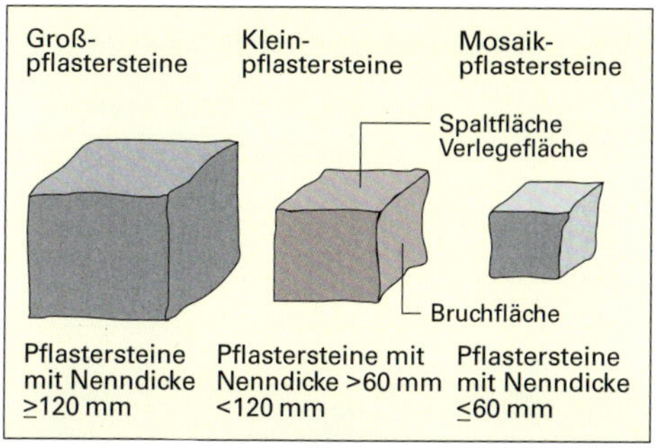

Pflastersteine aus Naturstein

Verbrauchswerte für Pflastersteine				
Erstarrungsgestein, z. B. Granit, Porphyr, Basalt usw.	Größe in cm	Materialbedarf/ Ergiebigkeit		
		Fläche pro t ca.	Stück pro t ca.	Einzeiler pro t ca.
Pflastersteine mit Nenndicke ≥ 120 mm	15/17/16 15/17/14	2,7 m² 2,8 m²	90 ... 100 100 ... 110	16,0 m 17,5 m
Pflastersteine mit Nenndicke > 60 mm < 120 mm	9/11 8/10 8/11 7/9	4,4 m² 4,8 m² 4,8 m² 5,5 m²	490 550 540 800	– – – –
Pflastersteine mit Nenndicke ≤ 60 mm	5/7 4/6 3/5	7,5 m² 8,5 m² 10,0 m²	2500 4000 5000	– – –

Verbrauchswerte für Pflasterklinker	
Klinkergröße in mm	Klinkerbedarf[1] in Stück/m²
240 x 118	33
200 x 100	52
300 x 150	23
200 x 200	26
150 x 150	46
220 x 108	43
200 x 150	34

[1] einschließlich 3 % Bruch und Verschnitt

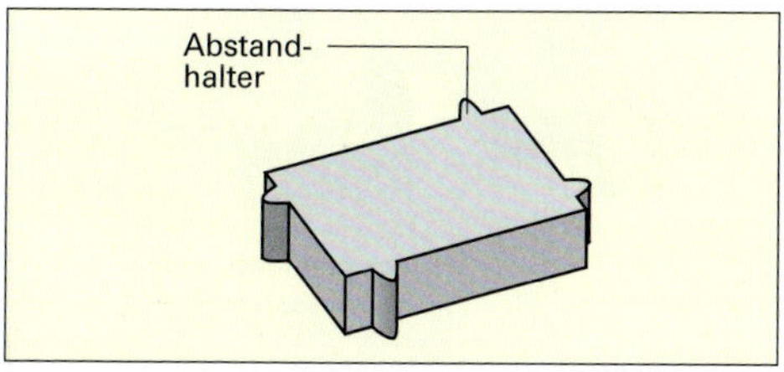

Pflasterklinker mit Abstandhalter

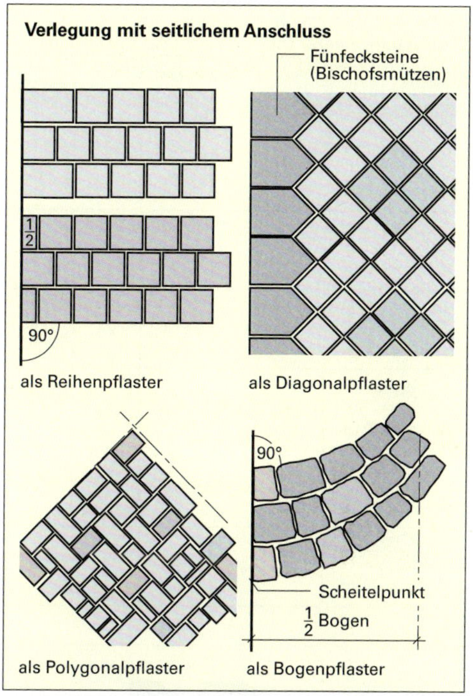

Pflasterverbände (Beispiele)

Verbände mit Pflasterklinker (Beispiele)

Straßen- und Wegebau (Fortsetzung)

Maße und Verbrauchswerte für Betonsteinpflaster (ohne Bruch und Verschnitt)

Steinform Nennmaß	Steindicke cm	Abmessungen $l \times b$ cm	Stück/m²	Gewicht/Stück
 20 cm x 10 cm	6	19,8 x 9,8	50	2,8
 10 cm x 10 cm	6	9,8 x 9,8	100	2,3
 24 cm x 18 cm	8	23,8 x 17,8	23	7,9
 20 cm x 10 cm	8	19,8 x 9,8	50	3,7
 20 cm x 20 cm	8	19,8 x 19,8	25	7,4
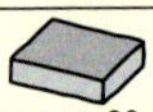 30 cm x 20 cm	8	29,8 x 19,8	17	11,0

Maße und Verbrauchswerte für Betonplatten

Abmessungen $l \times b \times d$ in cm	Stück/m²	Gewicht/Platte
30 x 30 x 4	11,1	8,3 kg
40 x 40 x 5	6,3	18,4 kg
60 x 40 x 5	4,2	27,6 kg
50 x 50 x 5	4,0	28,8 kg
50 x 50 x 6	4,0	34,5 kg

Plattenbelag mit unterschiedlichen Formaten

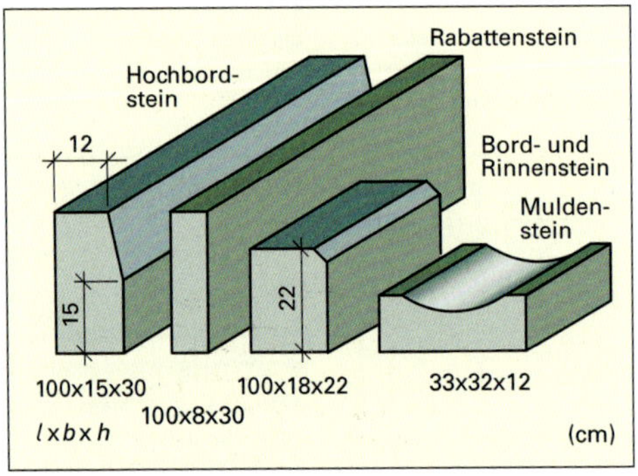

Bord- und Rinnensteine (Beispiele)

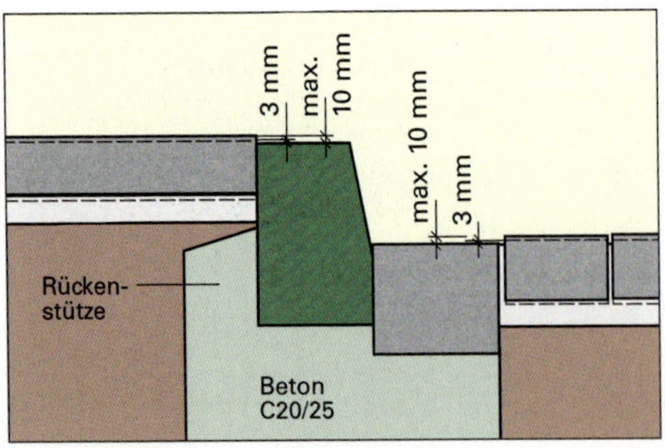

Rinnenausbildung mit Bordstein

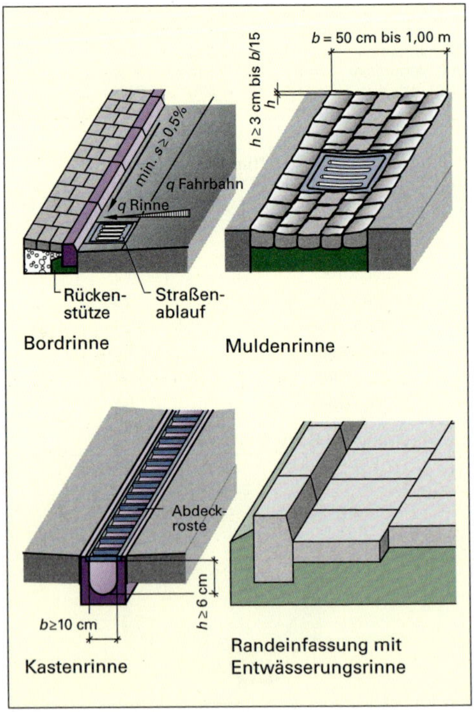

Beispiele für Rinnenausbildung

Einschalige Baukörper mauern

Klein- und mittelformatige Mauersteine

Arten und Kurzzeichen, Rohdichteklassen, Druckfestigkeitsklassen				
Steinart	**Benennung**	**Kurzzeichen**	**Rohdichteklasse**	**Druckfestigkeitsklasse**
Mauerziegel	Vollziegel	Mz	1,2 bis 2,0	4 bis 28
	Hochlochziegel	HLz		
	Wärmedämmziegel	WDz	0,55 bis 1,0	2 bis 28
	Hochlochziegel-W	HLz-W		
	Vormauer-Vollstein	VMz	1,2 bis 2,2	4 bis 28
	Vormauer-Hochlochziegel	VHLz		
Klinker	Vollklinker	KMz	1,2 bis 2,4	36, 48, 60
	Hochlochklinker	KHLz		
Kalksandstein	Kalksand-Vollstein	KS	0,6 bis 2,2	4 bis 60
	Kalksand-Lochstein	KSL		
	Kalksand-Planstein	KSP		
	Kalksand-Fasenstein	KSF		
Porenbetonstein	Porenbeton-Planstein	PP	0,35 bis 1,0	2 bis 8
Normalbetonstein	– Vollstein	Vn	1,4 bis 2,4	4 bis 28
	– Vormauerstein	Vm	1,6 bis 2,4	6 bis 28
	– Vormauerblock	Vbn		
Leichtbetonstein	– Vollstein	Vl	0,45 bis 2,0	2 bis 12
	– Plan-Vollstein	Vl-P		2 bis 12

Bezeichnung von künstlichen Mauersteinen (Beispiele)

Ziegel DIN 20000-401 – Mz 12 – 1,8 – 2 DF

bedeutet Vollziegel, Mindestdruckfestigkeit 12 N/mm², Rohdichte 1,8 kg/dm³, Format 2 DF

Kalksandstein DIN 20000-402 – KS L 12 – 1,8 – 3 DF (175)

bedeutet Kalksand-Lochstein, Mindestdruckfestigkeit 12 N/mm², Rohdichte 1,8 kg/dm³, Format 3 DF

Porenbeton-Planstein DIN 20000-404 – PP4 – 0,5 – 600 x 115 x 249

bedeutet Porenbeton-Planstein, Mindestdruckfestigkeit 4 N/mm², Rohdichte von 0,5 kg/dm³, l = 600 mm, b = 115 mm, h = 249 mm

Klein- und mittelformatige Mauersteine (Fortsetzung)

Steinformate

Format-kurz-zeichen	Maße in mm					Maße in
	Länge l		b	Höhe h		am[3]
	NM[4]	DM[5]		NM[4]	DM[5]	
DF[1]	240		115	52		2 · 1 · ½
NF[2]	240		115	71		2 · 1 · ⅔
2DF	240		115	113		2 · 1 · 1
3DF	240		175	113		2 · 1 ½ · 1
4DF	240	248	240	113	123	2 · 2 · 1
5DF	240	248	300	113	123	2 · 2 ½ · 1
6DF	240	248	365	113	123	2 · 3 · 1
8DF	240	248	240	238	248	2 · 2 · 2
10DF	240	248	300	238	248	2 · 2 ½ · 2
12DF	240	248	365	238	248	2 · 3 · 2
14DF	425		240	238		3 ½ · 2 · 2
15DF	365		300	238		3 · 2 ½ · 2
16DF	490	498	240	238	248	4 · 2 · 2
18DF	365		365	238		3 · 3 · 2
20DF	490	498	300	238	248	4 · 2 ½ · 2
21DF	425		365	238		3 ½ · 3 · 2
24DF	490	498	365	238	248	4 · 3 · 2

1) DF Dünnformat 2) NF Normalformat
3) am Achtelmeter
4) NM Normalmauermörtel 5) DM Dünnbettmörtel

Druckfestigkeit, Kennzeichnung

Druck-festigkeits-klasse	Kleinster Einzelwert N/mm²	Kennzeichnung der Steine[2]
2	2,0 (2,5)	grün
4	4,0 (5)	blau
6	6,0 (7,5)	rot
8	8,0 (10)	ohne[1]
10	10,0 (12,5)	ohne[1]
12	12,0 (15)	ohne
16	16,0 (20)	ohne[1]
20	20,0 (25)	gelb
28	28,0 (35)	braun
36	36,0 (45)	ein violetter Streifen
48	48,0 (60)	zwei schwarze Streifen
60	60,0 (75)	drei schwarze Streifen

1) Farbaufdruck der Festigkeitsklasse
2) Jeder 200. Stein, ab 10 DF jeder 50. Stein oder auf der Verpackung oder auf Beipackzettel
Klammerwert in Rot entspricht der mittleren Druckfestigkeit.

Zusätzliche Steinmaße

Länge mm	Breite mm	Höhe mm
175	90	52
247	115	71
307	145	113
372	175	155
432	240	175
497	300	238
	365	
	425	
	490	

Sondermaße in mm

Format	Länge	Breite	Höhe
1,7 DF	249	95	113 o. 123
2 NF	249	140	113 o. 123
2,5 DF	249	150	113 o. 123
3,5 DF	249	200	115 o. 123
6,8 DF	499	95	240 o. 248

o. abgekürzt oder

Maße und Formate der Leichtbeton-Vollsteine in mm

Format	Länge l	Breite b	Höhe h VI	Höhe h VI-P
DF	250	115	52	60
NF	250	115	71	81
1,7 DF	250	95	113	123
2 DF	250	115	113	123
2 NF	250	140	113	123
2,5 DF	250	150	113	123
3 DF	250	175	113	123
3,5 DF	250	200	115	123
4 DF	250	240	115	123
5 DF	250	300	115	123
6 DF	250	365	115	123
6,8 DF	500	95	115	248

Mauersteine aus Normalbeton

Kurz-zeichen	mögliche Maße in mm Länge	Breite	Höhe	Formate in DF
Vn	240 300 490	115 145 240 300 365	52 71 113 115	DF bis 10 DF
Vm	190 240	90 100 140 190	52 71 113 115 238	DF bis 16 DF

Mauermaße

Rohbaurichtmaße (auch Baurichtmaße) sind in der DIN 4172 festgelegt,
wobei 1 am (Achtelmeter) 12,5 cm entspricht.

Rohbaurichtmaße = Achtelmetermaße (am)

$$\frac{100}{8}\text{ cm} = 12{,}5\text{ cm}$$

1 am = 12,5 cm

Rohbaurichtmaß = Anzahl der am · 12,5 cm

Rohbaunennmaße = Rohbaumaße (m, cm)

Anbaumaß (Vorsprungsmaß, Vorlagemaß)

Anbaumaß = Anzahl der am · 12,5 cm

Außenmaß (Pfeilermaß, Wanddicke)

Außenmaß = Anzahl der am · 12,5 cm – 1 cm Fugendicke

Innenmaß (Öffnungsmaß)

Innenmaß = Anzahl der am · 12,5 cm + 1 cm Fugendicke

Rohbaunennmaße (auch Baunennmaße) sind die am Bau vorhandenen Maße. Sie werden zur Bemaßung von Werkzeichnungen verwendet.

Mauerhöhen = Rohbaunennmaße (m, cm)
Raumhöhe (Innenmaß)
Brüstungshöhe (Anbaumaß)

Schichthöhe = Steinhöhe + Lagerfuge

Mauerhöhe = Anzahl der Schichten · Schichthöhe

$$\textbf{Anzahl der Schichten} = \frac{\textbf{Mauerhöhe}}{\textbf{Schichthöhe}}$$

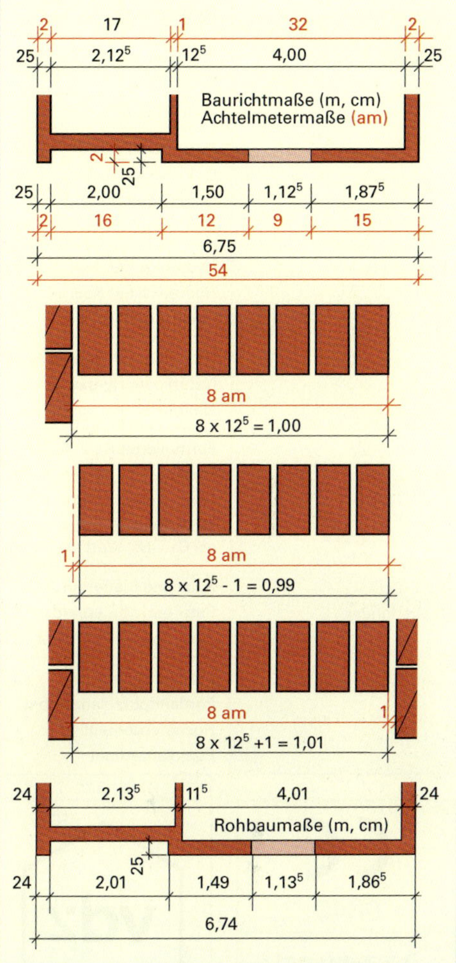

Steinformate und Steinmaße + 50	DF $24/11^5/5^2$	NF $24/11^5/7^1$	2 DF bis 6 DF	8 DF bis 20 DF
Steine mit Fugen + 25	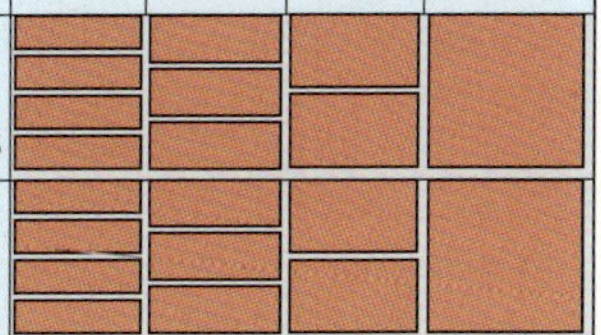			
Steine mit Fugen ± 0				
Steinhöhen in cm	5^2	7^1	11^3	23^8
Fugendicke in cm	1^{05}	1^{23}	1^2	1^2
Schichthöhe in cm	6^{25}	8^{33}	12^5	25
Schichten je m	16	12	8	4

Bindemittel

Bindemittel	Benennung	Kurzzeichen	Bedeutung der Kennzahlen
Luftkalk	Weißkalk 90 Weißkalk 80 Weißkalk 70	CL 90 CL 80 CL 70	Gehalt an CaO
	Dolomitkalk 90–30 Dolomitkalk 90–5 Dolomitkalk 85–30 Dolomitkalk 80–5	DL 90–30 DL 90–5 DL 85–30 DL 80–5	Gehalt an CaO und an MgO
Hydraulischer Kalk	Hydraulischer Kalk 2 Hydraulischer Kalk 3,5 Hydraulischer Kalk 5	HL 2 HL 3,5 HL 5	Mindestdruckfestigkeit in N/mm² nach 28 Tagen
	Natürlicher Hydraulischer Kalk 2 Natürlicher Hydraulischer Kalk 3,5 Natürlicher Hydraulischer Kalk 5	NHL 2 NHL 3,5 NHL 5	
Formulierter Kalk	Formulierter Kalk (A, B, C) 2 Formulierter Kalk (A, B, C) 3,5 Formulierter Kalk (A, B, C) 5 (A, B, C) verfügbarer Kalk als $Ca(OH)_2$ Wert als Masse-%	FL (A, B, C) 2 FL (A, B, C) 3,5 FL (A, B, C) 5	(wie HL und NHL) (A ≥ 40 M.-% bis < 80 M.-%) (B ≥ 25 M.-% bis < 50 M.-%) (A ≥ 15 M.-% bis < 40 M.-%)
Putz- und Mauerbinder	Putz- und Mauerbinder 5 Putz- und Mauerbinder 12,5, 12,5 X Putz- und Mauerbinder 22,5, 22,5 X	MC 5 MC 12,5, 12,5 X MC 22,5, 22,5 X	Druckfestigkeit in N/mm²
Zement (Seite 36)	Portlandzement Portlandpuzzolanzement Hochofenzement Puzzolanzement	CEM I-32,5 CEM II-32,5 CEM III-32,5 CEM IV-32,5	Druckfestigkeit in N/mm²

CE
0840

Zementwerk GmbH
Musterstr. 1
D PLZ Musterstadt

0840-CPD-5210-254200-04
EN 197-1
CEM II/B-V 32,5 R

vdz
Verein Deutscher Zementwerke e. V.

CE
Zertifikatsnummer

Herstellungsbetrieb mit vollständiger Anschrift

interne Betriebsangabe
DIN EN-Norm
Produktangabe

RAL
GÜTEZEICHEN
Baukalk

Lieferform: Luftkalke		Lieferform: Hydraulische Kalke
Branntkalk (Q) = ungelöschter Kalk CaO, MgO • als **Stückkalk,** nicht gemahlen • als **Feinkalk,** fein gemahlen	**Kalkhydrat (S)** = gelöschter Kalk $Ca(OH)_2$, $Mg(OH)_2$ • in **Pulverform (S),** sackweise oder im Silo • als **Kalkteig, (S PL)** mit Wasser zu einer gewünschten Konsistenz gemischt	**Kalkhydrat (S)** = gelöschter Kalk [$Ca(OH)_2$, $Mg(OH)_2$] mit Hydraulefaktoren [Tonerdeminerale Al_2O_3, Fe_2O_3] • in **Pulverform,** sackweise oder im Silo

Mauermörtel

Mörtelgruppen für Mauermörtel nach DIN 1053 Zusammensetzung in Raumteilen für Baustellenmörtel

Mörtelgruppe	Mörtelart	Luftkalk		Hydraulischer Kalk (HL2)	Hydr. Kalk (HL5) Putz- u. Mauerbinder (MC5)	Zement	Sand	Mindestdruckfestigkeit nach 28 Tagen N/mm²	
		Kalkteig	Kalkhydrat					Güteprüfung	Eignungsprüfung
I	Kalkmörtel	1	–	–	–	–	4	–	–
		–	1	–	–	–	3		
		–	–	1	–	–	3		
		–	–	–	1	–	4,5		
II	Kalkzementmörtel	1,5	–	–	–	1	8	2,5	3,5
		–	2	–	–	1	8		
		–	–	2	–	1	8		
		–	–	–	1	–	3		
IIa		–	1	–	–	1	6	5	7
		–	–	–	2	1	8		
III	Zementmörtel	–	–	–	–	1	4	10	14
IIIa		–	–	–	–	1	4	20	25

Mörtelklassen nach DIN EN 998-2

Mörtelklasse	Druckfestigkeit N/mm²
M 1	1
M 2,5	2,5
M 5	5
M 10	10
M 15	15
M 20	20
M d	d

d = eine vom Hersteller angegebene Druckfestigkeit > 20 N/mm² in Stufen von 5 N/mm²

Zuordnung der Mauermörtel nach DIN 1053 und DIN EN 998-2 unter Berücksichtigung der Fugendruckfestigkeit

Mörtelgruppe nach DIN 1053	Mörtelklasse nach DIN EN 998-2	Verbundfestigkeit N/mm²	Fugendruckfestigkeit nach 28 Tagen		
			Verfahren I N/mm²	Verfahren II N/mm²	Verfahren III N/mm²
I	M 1	–	–	–	–
II	M 2,5	0,04	1,25	2,5	1,75
IIa	M 5	0,08	2,5	5	3,5
III	M 10	0,10	5,0	10	7,0
IIIa	M 20	0,12	10,0	20	14,0

Anwendungsbeschränkungen für Mauermörtel

Mörtelgruppe	Einschränkungen
MG I	nicht zulässig: • für Gewölbe und Keller • bei > 2 Vollgeschossen • bei Wanddicken < 24 cm • für Außenschale von 2-schaligem Mauerwerk
MG II	keine
MG III	nicht zulässig für Außenschale von 2-schaligem Mauerwerk

Putz- und Mauerbinder

Festigkeitsklasse	Druckfestigkeit in N/mm² nach			Luftporenbildner
	7 Tagen	28 Tagen mind.	28 Tagen max.	
MC 5	–	≥ 5	≥ 15	mit
MC 12,5 MC 12,5 X	≥ 7	≥ 12,5	≥ 32,5	mit X ohne
MC 22,5 MC 22,5 X	≥ 10	≥ 22,5	≥ 42,5	mit X ohne

Putz- und Mauerbinder (MC) ist ein werkmäßig hergestelltes, hydraulisches Bindemittel. Es besteht im Wesentlichen aus Portlandzement und anorganischen Stoffen, wie z. B. Gesteinsmehl. Beim Mischen mit Sand und Wasser erhält man einen Mörtel, der für Putz- und Mauerarbeiten geeignet ist.

Die Zugabe luftporenbildender Zusatzmittel verbessert die Verarbeitbarkeit und die Dauerhaftigkeit.

Baustoffbedarf für einschaliges Mauerwerk

Baustoffbedarf für Mauerwerk aus künstlichen Steinen

Format	Wanddicke (cm)	Bedarf je m² Steine[1] (Stück)	Bedarf je m² Mörtel[2] (Liter [ℓ])	Bedarf je m³ Steine[1] (Stück)	Bedarf je m³ Mörtel[2] (Liter[ℓ])
DF	11,5	66	29	–	–
	24	132	70	550	292
	36,5	198	114	541	311
NF	11,5	50	27	–	–
	24	99	65	416	274
	36,5	148	100	405	280
2 DF	11,5	33	19	–	–
	24	66	50	276	210
	36,5	98	80	270	220
3 DF	17,5	33	29	190	160
	24	44	50	183	210
2 DF + 3 DF	30	33 + 33	60	110 + 110	200
4 DF	11,5	16	16	–	–
	24	33	40	137	167
5 DF	24	26	40	108	160
	30	32	50	108	165
6 DF	17,5	16	21	94	120
	24	23	38	88	148
	36,5	32	62	90	180

[1] einschließlich Bruchanteil von 3 %
[2] einschließlich Mörtelverlust von 20 %

Baustoffbedarf an Dünnbettmörtel (Richtwerte[1]) in ℓ/m²
(Mauerwerk aus mittel- und großformatigen Steinen)

Steinhöhe in mm	Wanddicke in cm: 7	10	11^5	17^5	24	30	36^5
123	–	–	3,5	5,4	7,3	9,1	11,2
248	1,5[2]	1,5	1,7	2,6	3,7	4,6	5,5
498	–	0,8	0,9	1,4	1,8	2,3	2,8
623/648	–	0,6	0,8	1,1	1,5	1,9	2,3

Randbedingungen:
- Frischmörteldicke 3 mm...4 mm
- Mörtelauftrag mittels Mörtelschlitten
- Werte gelten für unvermörtelte Stoßfugen

[1] durchschnittliche Verbrauchswerte
Mörtelverluste bzw. erhöhter Mörtelbedarf sind einzuplanen; z. B. bei
- Vermörtelung von Anschlussfugen in Stumpfstoßtechnik
- planmäßige Vermörtelung der Stoßfugen (z. B. bei unverputztem Mauerwerk mit erhöhten Anforderungen an Schallschutz und Luftdichtigkeit)
- Verschließen unvermörtelter Stoßfugen > 5 mm

[2] Stoßfugen vermörtelt

Baustoffbedarf nach m²:

Steinbedarf = Wandfläche · Stück/m²

Mörtelbedarf = Wandfläche · Liter/m²

Baustoffbedarf nach m³:

Steinbedarf = Wandvolumen · Stück/m³

Mörtelbedarf = Wandvolumen · Liter/m³

Unabhängig vom Baustoffbedarf erfolgt die Abrechnung nach VOB/C in der Abrechnungseinheit m².

Mörtelberechnung

$$\textbf{Ausbeute} = \frac{\textbf{Volumen des Frischmörtels}}{\textbf{Volumen der losen Masse}} \cdot \textbf{100\%}$$

$$\textbf{Mörtelfaktor} = \frac{\textbf{Volumen der losen Masse}}{\textbf{Volumen des Frischmörtels}}$$

$$\text{Volumen des Frischmörtels} = \frac{\text{Ausbeute} \cdot \text{Volumen der losen Masse}}{100\%}$$

$$\text{Volumen des Frischmörtels} = \frac{\text{Volumen der losen Masse}}{\text{Mörtelfaktor}}$$

Baustoffbedarf für einschaliges Mauerwerk (Fortsetzung)

Ermittlung der Bestellmengen zur Herstellung von Mauermörtel

Volumen der losen Masse = Volumen des Frischmörtels · Mörtelfaktor

$$\text{Volumen der losen Masse} = \frac{\text{Volumen des Frischmörtels}}{\text{Ausbeute}} \cdot 100\,\%$$

$$\text{Volumen eines Raumteils} = \frac{\text{Volumen der losen Masse}}{\text{Summe der Raumteile}}$$

Volumen eines Bestandteils:

Volumen Kalkhydrat = Volumen eines Raumteils · Raumteile Kalk

Volumen Zement = Volumen eines Raumteils · Raumteile Zement

Volumen Sand = Volumen eines Raumteils · Raumteile Sand

Anzahl der Säcke für Bindemittel:

$$\text{Anzahl der Säcke} = \frac{\text{Volumen eines Bestandteils}}{\text{Sackinhalt in } \ell}$$

$$\text{Anzahl der Säcke} = \frac{\text{Gewicht eines Bestandteils}}{\text{Sackinhalt in kg}}$$

Bei Sand erfolgt die Angabe der Bestellmenge in m³.

Umrechnung ℓ in m³:

1 ℓ = 1 dm³

1000 ℓ = 1 m³

Umrechnung von ℓ in kg:

Mörtelmenge in kg = Volumen in ℓ · Dichte in kg/ℓ

Umrechnung von kg in ℓ:

$$\text{Mörtelmenge in } \ell = \frac{\text{Masse in kg}}{\text{Dichte in kg/}\ell}$$

Üblicher Mörtelfaktor, wenn kein anderer Faktor angeboten ist:

- **bei trockenem Sand 1,4**
- **bei baufeuchtem Sand 1,6**

Schüttdichte und Sackinhalt von Bindemitteln

Bindemittel	Schüttdichte in kg/ℓ	Sackinhalt	
		in ℓ	in kg
Kalkhydrat	0,5	40	20
Hydraulischer Kalk HL 2	0,7	36	25
Hydraulischer Kalk HL 3,5	0,8	31	25
Hydraulischer Kalk HL 5	1,0	25	25
Putz- und Mauerbinder	1,0	40	40
Zement	1,2	21	25

Stahlbetonbauteile herstellen

Zement

Zusammensetzung und Zementarten nach DIN EN 197

Hauptzementarten	Bezeichnung der 27 Produkte (Normalzementarten)		Zusammensetzung (Massenanteile in %): Hauptbestandteile: PZ-Klinker K	Hüttensand S	Silicastaub D	Puzzolane: natürlich P	Puzzolane: nat. ge-tempert Q	Flugasche: kiesels.-reich V	Flugasche: kalkreich W	gebr. Schiefer T	Kalkstein L	Kalkstein LL	Nebenbestandteile
CEM I	Portlandzement	CEM I	95–100										0–5
CEM II	Portland-hüttenzement	CEM II/A-S	80–94	6–20									0–5
		CEM II/B-S	65–79	21–35									0–5
	Pl.-Silicastaubzem.	CEM II/A-D	90–94		6–10								0–5
	Portland-puzzolanzement	CEM II/A-P	80–94			6–20							0–5
		CEM II/B-P	65–79			21–35							0–5
		CEM II/A-Q	80–94				6–20						0–5
		CEM II/B-Q	65–79				21–35						0–5
	Portland-flugasche-zement	CEM II/V-A	80–94					6–20					0–5
		CEM II/B-V	65–79					21–35					0–5
		CEM II/A-W	80–94						6–20				0–5
		CEM II/B-W	65–94						21–35				0–5
	Portland-schieferzement	CEM II/A-T	80–94							6–20			0–5
		CEM II/B-T	65–94							21–35			0–5
	Portland-kalksteinzement	CEM II/A-L	80–94								6–20		0–5
		CEM II/B-L	65–79								21–35		0–5
		CEM II/A-LL	80–94									6–20	0–5
		CEM II/B-LL	65–79									21–35	0–5
	Portland-kompositzement	CEM II/A-M	80–94	6–20									0–5
		CEM II/B-M	65–79	21–35									0–5
CEM III	Hochofenzement	CEM III/A	35–64	36–65									0–5
		CEM III/B	20–34	66–80									0–5
		CEM III/C	5–19	81–95									0–5
CEM IV	Puzzolanzement	CEM IV/A	65–89		11–35								0–5
		CEM IV/B	45–64		36–55								0–5
CEM V	Kompositzement	CEM V/A	40–64	18–30		18–30							0–5
		CEM V/B	20–58	31–50		31–50							0–5

Der Anteil von Silicastaub ist auf 10 Prozent begrenzt. Bei CEM II/A-M, CEM II/B-M, CEM IV und CEM V müssen die Hauptbestandteile neben PZ-Klinker durch die Bezeichnung des Zements angegeben werden.

Festigkeitsklassen von Zement nach DIN 1164

Festigkeitsklasse	Druckfestigkeit in N/mm²: Anfangsfestigkeit 2 Tage	Anfangsfestigkeit 7 Tage	Normfestigkeit 28 Tage	
32,5 N	–	≥ 16	≥ 32,5	≤ 52,5
32,5 R	≥ 10	–		
42,5 N	≥ 10	–	≥ 42,5	≤ 62,5
42,5 R	≥ 20	–		
52,5 N	≥ 20	–	≥ 52,5	–
52,5 R	≥ 30	–		

Übliche Kennfarben von Zementsäcken

Festigkeitsklasse	Kennfarbe	Farbe des Aufdrucks
32,5 N	hellbraun	schwarz
32,5 R		rot
42,5 N	grün	schwarz
42,5 R		rot
52,5 N	rot	schwarz
52,5 R		weiß

Gesteinskörnung

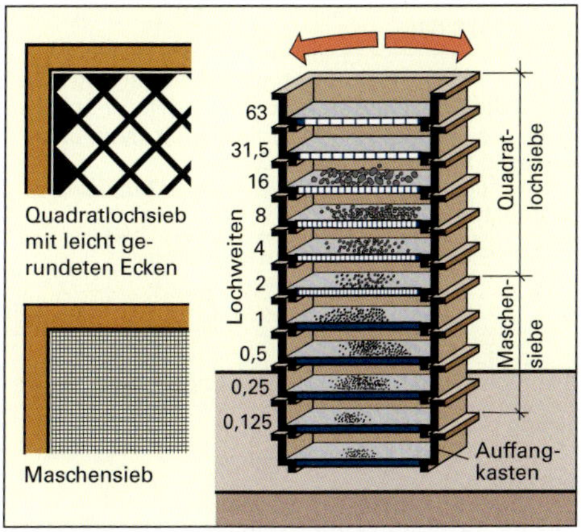

Prüfsiebsatz

Grobe Gesteinskörnung

Überwiegend feine Gesteinskörnung

Gemischte Gesteinskörnung

Gesteinskörnungen mit unterschiedlichem Gefüge

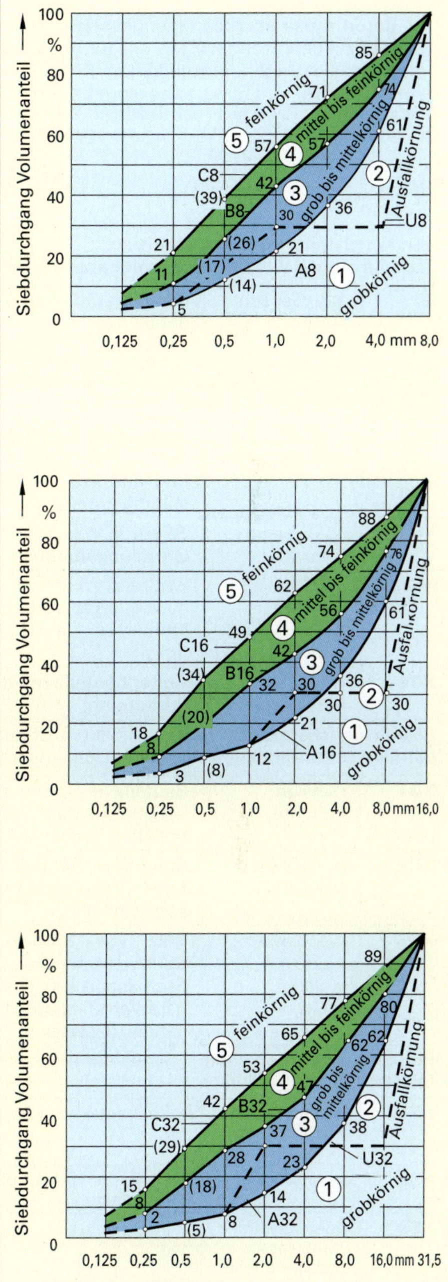

Sieblinien nach DIN 1045

Frischbeton, Festbeton

Betonanforderungen nach Expositionsklassen (DIN 1045-2:2023-08)

Der Beton muss so zusammengesetzt und hergestellt werden, dass unter Berücksichtigung des gewählten Ausführungsverfahrens für die Betonarbeiten die festgelegten Anforderungen für Frischbeton und Festbeton, einschließlich Konsistenz, Rohdichte, Festigkeit, Dauerhaftigkeit (Nutzungsdauer 50 Jahre) und Schutz des eingebetteten Stahls gegen Korrosion, erfüllt werden.
Anmerkungen: Zwischen der DIN EN 206 und der DIN 1045-2 gibt es abweichende Zahlenwerte. Die aufgeführten Betonanforderungen gelten nicht für Leichtbeton.

Klasse	Umgebung	Beispiele	max w/z [1] –	min f_{ck} [2] [N/mm²]	min z [3] [kg/m³]	min z [4] [kg/m³]
kein Korrosions- oder Angriffsrisiko: Bauteile ohne Bewehrung oder eingebettetes Metall in nicht Beton angreifender Umgebung						
X0	alle Klassen außer XF, XA, XM	Fundamente ohne Bewehrung und ohne Frost; Innenbauteile ohne Bewehrung	–	C8/10	–	–
Bewehrungskorrosion durch Karbonatisierung: Beton, der Bewehrung oder anderes eingebettetes Metall enthält und Luft sowie Feuchtigkeit ausgesetzt ist						
XC1	trocken oder ständig nass	Bauteile in Innenräumen mit üblicher Luftfeuchte (einschl. Küche, Bad und Waschküche); Beton, der ständig unter Wasser ist	0,75	C16/20	240	240
XC2	nass, selten trocken	Teile von Wasserbehältern, Gründungsbauteile				
XC3	mäßige Feuchte	Bauteile, zu denen die Außenluft häufig oder ständig Zugang hat; Innenräume mit hoher Luftfeuchtigkeit	0,65	C20/25	260	240
XC4	wechselnd nass/trocken	Außenbauteile mit direkter Beregnung;	0,60	C25/30	280	270
Bewehrungskorrosion, verursacht durch Chloride außer Meerwasser: Beton, der Bewehrung enthält und chloridhaltigem Wasser einschließlich Taumittel ausgesetzt ist						
XD1	mäßige Feuchte	Bauteile im Sprühnebelbereich von Verkehrsflächen; Verkehrsflächen mit Oberflächenschutz	0,55	C30/37 [5]	300	270
XD2	nass, selten trocken	Solebäder; Bauteile, die chloridhaltigen Industrieabwässern ausgesetzt sind	0,50	C35/45 [5]	320	270
XD3	wechselnd nass und trocken	Teile von Brücken mit häufiger Spritzwasserbeanspruchung: Fahrbahndecken; Parkdecks; befahrbare Verkehrsflächen mit rissvermeidenden Bauweisen	0,45	C35/45 [5]	320	270
Bewehrungkorrosion durch Chloride aus Meerwasser: Beton, der Bewehrung oder anderes eingebettetes Metall enthält und Chloriden aus Meerwasser oder salzhaltiger Seeluft ausgesetzt ist						
XS1	salzhaltige Luft, kein Meerwasserkontakt	Außenbauteile in Küstennähe	0,55	C30/37 [5]	300	270
XS2	unter Wasser	Bauteile in Häfen, die ständig unter Wasser liegen	0,50	C35/45 [5]	320	270
XS3	Tidebereiche, Spritzwasser- und Sprühnebel	Kaimauern in Hafenanlagen	0,45	C35/45 [5]	320	270
C, D, S = Bewehrungskorrosion durch **C**arbonatisierung, **D**eicing-Salt (Streusalz), **S**eawater (Meersalz/salzhaltige Seeluft)						

Frischbeton, Festbeton

Betonanforderungen nach Expositionsklassen (Fortsetzung von Vorseite)

Klasse	Umgebung	Beispiele	max w/z [1)] –	min f_{ck} [2)] [N/mm²]	min z [3)] [kg/m³]	min z [4)] [kg/m³]
Frostangriff mit und ohne Taumittel: Durchfeuchteter Beton, der in erheblichem Umfang Frost-Tau-Wechseln ausgesetzt ist						
XF1	mäßige Wassersättigung ohne Taumittel	Außenbauteile	0,60	C25/30	280	270
XF2	mäßige Wassersättigung mit Taumitteln	Bauteile im Sprühnebelbereich von taumittelbehandelten Verkehrsflächen, Bauteile im Sprühnebelbereich von Meerwasser	0,55	C25/30 mit LP [6)]	300	270 [7)]
			0,50	C35/45	320	270 [7)]
XF3	hohe Wassersättigung ohne Taumittel	offene Wasserbehälter; Bauteile in der Wechselzone von Süßwasser; horizontale Bauteile mit stehendem Wasser	0,55	C25/30 mit LP [6)]	300	270 [7)]
			0,50	C35/45	320	270 [7)]
XF4	hohe Wassersättigung mit Taumittel	Verkehrsflächen; Bauteile im Spritzwasserbereich; Kläranlagen; Meerwasserbauteile in der Wasserwechselzone	0,50	C30/37 mit LP [6)]	320	270 [7)]
Betonkorrosion durch chemischen Angriff: Beton, der chemischem Angriff durch Böden, Grundwasser, Meerwasser und Abwasser ausgesetzt ist						
XA1	chemisch schwach angreifende Umgebung	Behälter von Kläranlagen; Güllebehälter; Boden oder Grundwasser; Bauteile in Beton angreifenden Böden 6,5 ≥ pH-Wert ≥ 5,5	0,60	C25/30 [5)]	280	270
XA2	chemisch mäßig angreifende Umgebung	Bauteile, die mit Meerwasser in Berührung kommen; Bauteile in Beton angreifenden Böden 5,5 > pH-Wert ≥ 4,5	0,50	C35/45 [5)]	320	270
XA3	chemisch stark angreifende Umgebung	Industrieabwasseranlagen mit chemisch angreifenden Abwässern 4,5 > pH-Wert ≥ 4,0; Kühltürme mit Rauchgasableitung	0,45	C35/45 [5)]	320	270
Betonkorrosion durch Verschleißbeanspruchung: Beton, der einer erheblichen mechanischen Beanspruchung ausgesetzt ist						
XM1	mäßige Verschleißbeanspruchung	tragende oder aussteifende Industrieböden mit Beanspruchung durch luftbereifte Fahrzeuge	0,55	C30/37 [5)]	300	270
XM2	starke Verschleißbeanspruchung	tragende o. aussteifende Industrieböden mit Beanspruchung durch luft- oder vollgummibereifte Gabelstapler	0,55	C30/37 [5)] mit OB [8)]	300	270
			0,45	C35/45 [5)]	320	270
XM3	sehr starke Verschleißbeanspruchung	tragende oder aussteifende Industrieböden mit Beanspruchung durch elastomer- oder stahlrollenbereifte Gabelstapler; Oberflächen, die häufig mit Kettenfahrzeugen befahren werden; Wasserbauwerke in geschiebebelasteten Gewässern	0,45	C35/45 [5)]	320	270

F, A, M = Betonangriff durch **F**reezing (Frost), Chemical **A**ttack (chemischen Angriff), **M**echanical Abrasion (Verschleiß)

1) *w/z* Wasserzementwert

2) f_{ck} Charakteristische Druckfestigkeit Zylinder/Würfel

3) *z* Mindestzementgehalt ohne Zusatzstoffe,
bei 63 mm Größtkorn darf der Zementgehalt (min *z* um 30 kg/m³ verringert werden.

4) *z* Mindestzementgehalt, bei Anrechnung von Zusatzstoffen.

5) Bei Verwendung von LP wegen XF eine Festigkeitsklasse niedriger.

6) Luftporenbeton (BK-E) mit weiteren Anforderungen

7) Nur Anrechnung von Flugasche; Hinweise DIN 1045-2 beachten

8) OB = Oberflächenbehandlung durch Flügelglätten erforderlich

Frischbeton, Festbeton

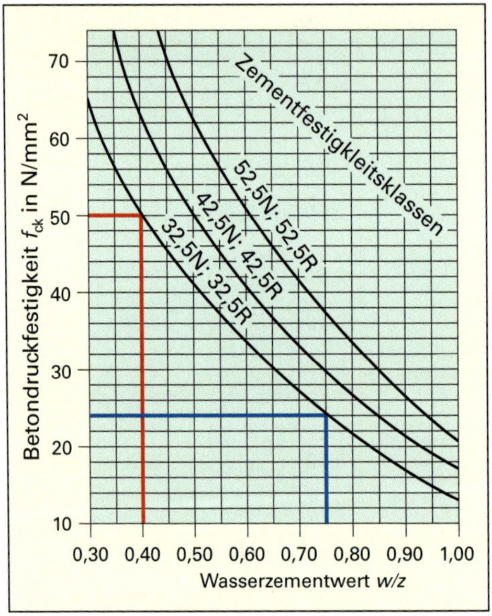

Einfluss des Wasserzementwertes auf die Betondruckfestigkeit

Druckfestigkeitsklassen nach DIN EN 206

Druckfestigkeits-klasse	$f_{ck,cyl}$ N/mm²	$f_{ck,cube}$ N/mm²
C8/10	8	10
C12/15	12	15
C16/20	16	20
C20/25	20	25
C25/30	25	30
C30/37	30	37
C35/45	35	45
C40/50	40	50
C45/55	45	55
C50/60	50	60
C55/67	55	67
C60/75	60	75
C70/85	70	85
C80/95	80	95
C90/105	90	105
C100/115	100	115

Standardbeton ist

- Beton der Festigkeitsklassen C8/10, C12/15, C16/20,
- der Expositionsklassen X0, XC1, XC2,
- ohne Betonzusätze,
- mit vorgeschriebenem Mindestzementgehalt.

Grenzwerte für Standardbeton [1)]

Expositions-klasse	Mindest-druckfestig-keitsklasse	Mindest-zementgehalt in [kg/m³]	Höchst-zulässiger *w/z*-Wert
X0	C8/10	230	–
XC1	C12/15	300	0,65
XC2	C16/20	320	0,60

[1)] Die Angaben gelten für ein Größtkorn 32 mm und Zementfestigkeitsklasse 32,5 sowie bei plastischer Konsistenz. Zusatzmittel oder -stoffe dürfen nicht eingesetzt werden.

Konsistenzklassen (DIN EN 206)

Beschreibung der Konsistenz nach DIN 1045 (gilt nicht für DIN EN 206)	sehr steif	steif	plastisch	weich	sehr weich	fließ-fähig	sehr fließ-fähig
Ausbreitklasse (Ausbreitversuch)		F1	F2	F3	F4	F5	F6
Ausbreitmaß *a* (Durchmesser) in mm		≤ 340	350 bis 410	420 bis 480	490 bis 550	560 bis 620	≥ 630

Verdichtungs-Klasse (Verdichtungsprüfung)	C0	C1	C2	C3	
Verdichtungsmaß *v*	≥ 1,46	1,45 bis 1,26	1,25 bis 1,11	1,10 bis 1,04	

Setzmaß-Klasse (Slump-Versuch)		S1	S2	S3	S4	S5	
Setzmaß in mm		10 bis 40	50 bis 90	100 bis 150	160 bis 210	≥ 220	

Vebé-Klasse (Vebé)	V0	V1	V2	V3	V4	
Setzzeit in Sekunden	≥ 31	30 bis 21	20 bis 11	10 bis 6	5 bis 3	

Bewehrung mit Betonstabstahl

Abmessungen und Gewichte von Betonstabstählen

Nenn-durchmesser d_s in mm	Nenn-querschnitt A_s in cm²	Nenn-gewicht in kg/m
6,0	0,283	0,222
8,0	0,503	0,395
10,0	0,785	0,617
12,0	1,131	0,888
14,0	1,54	1,21
16,0	2,01	1,58
20,0	3,14	2,41
25,0	4,91	3,85
28,0	6,16	4,83
(32,0)*	(8,04)*	(6,31)*
(40,0)*	(12,57)*	(9,86)*

* nach „Allgemeiner bauaufsichtlicher Zulassung" durch Dt. Institut für Bautechnik

Grundwert l_b der Verankerungslänge in cm für Betonstabstähle B500B

Stab-Ø d_s [mm]	Verbund-bereich	Betonfestigkeitsklasse				
		C16/20	C20/25	C25/30	C30/37	C35/45
6	I II	33 47	28 40	24 35	22 31	19 28
8	I II	43 62	38 54	32 46	29 41	26 37
10	I II	54 78	47 67	40 58	36 51	32 46
12	I II	65 94	56 80	48 70	43 61	38 55
14	I II	76 109	66 94	56 81	50 71	45 64
16	I II	86 125	75 107	64 93	58 82	51 74
20	I II	108 156	94 134	80 116	72 102	64 92
25	I II	135 195	118 168	100 145	90 128	80 115
28	I II	151 218	132 188	112 162	101 143	90 129

Das Grundmaß der Verankerung l_b kann bei der Ausbildung der Stabenden mit Haken, Winkelhaken oder Schlaufen um den Faktor 0,7 verkürzt werden.

Es gilt $l_b \geq l_{bmin} \geq 10 \cdot d_s$

Bügel, Haken, Winkelhaken und Schlaufen

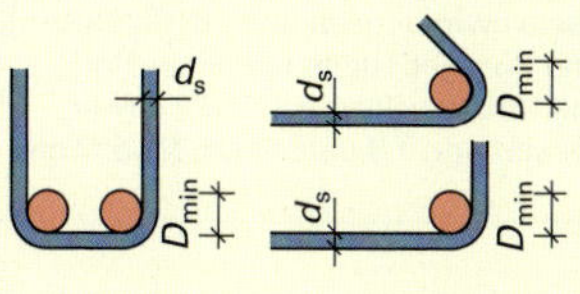

d_s (mm)	D_{min}
< 20	$4 \cdot d_s$
≥ 20	$7 \cdot d_s$

Aufbiegungen und Krümmungen

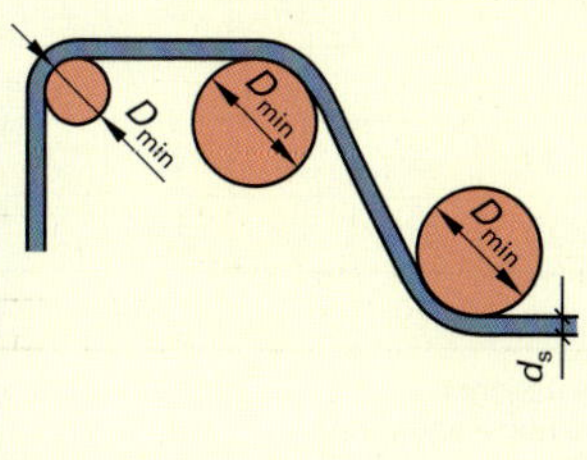

seitliche Beton-deckung c_s	D_{min}
> 10 cm und > $7 \cdot d_s$	$10 \cdot d_s$
> 5 cm und > $3 \cdot d_s$	$15 \cdot d_s$
≤ 5 cm und ≤ $3 \cdot d_s$	$20 \cdot d_s$

Maße der Betondeckung nach DIN EN 1992-1-1

Expositions-klasse	Mindestüber-deckung c_{min} [mm]	Vorhalte-maß Δc	Nennmaß der Über-deckung c_{nom} [mm]
XC1	10	10	20
XC2	20	15	35
XC3	20		
XC4	25		40
XD1	40	15	55
XD2			
XD3			
XS1	40	15	55
XS2			
XS3			
XM1	Erhöhung von c_{min} um 5 mm		
XM2	Erhöhung von c_{min} um 10 mm		
XM3	Erhöhung von c_{min} um 15 mm		

Holzkonstruktionen herstellen

Holzeigenschaften

Rohdichte verschiedener Holzarten

Holzart	kg/dm³
Fichte, Tanne	0,47
Kiefer	0,52
Lärche	0,59
Esche	0,69
Eiche	0,67
Rotbuche	0,69
Weißbuche	0,77
gemessen bei einem Feuchtegehalt $u \leq 12\ \% \pm 1{,}5\ \%$	

Härte verschiedener Holzarten

Weichhölzer		Harthölzer	
sehr weich	weich	hart	sehr hart
Pappel Linde Balsa	Fichte Tanne Kiefer Lärche	Ahorn Eiche Esche Rotbuche	Weißbuche

Festigkeit von Brettschichtholz (BSH) in N/mm²

Festigkeitsklasse nach charakteristischer Biegefestigkeit	
Homogenes BSH	Kombiniertes[1] BSH
GL24h	GL24c
GL28h	GL28c
GL32h	GL32c
GL36h	GL36c

[1] Unterschiedliche Festigkeitsklassen von inneren und äußeren Lamellen

Bemessungswerte der Festigkeiten f_d in N/mm² nach DIN EN 1995-1-1

Beanspruchung von **Nadelholz**	Festigkeitsklasse	
	C24	C30
Biegung	14,8	18,46
Zug parallel	8,9	11,07
Zug rechtwinklig	0,24	0,24
Druck parallel	12,9	14,15
Druck rechtwinklig	1,54	1,66
Schub	1,23	1,23
Beanspruchung von **Laubholz**	Festigkeitsklasse	
	D30	D40
Biegung	18,5	24,6
Zug parallel	11,1	14,8
Zug rechtwinklig	0,30	0,30
Druck parallel	14,2	16,0
Druck rechtwinklig	4,9	5,4
Schub	1,23	1,23

Werte für mittlere Lasteinwirkungsdauer, z. B. für Nutzlasten von Wohn- und Bürogebäuden und einer Holzfeuchte entsprechend Nutzungsklasse 1 und 2 sowie einem Sicherheitsbeiwert von 1,3 und einem Modifikationsbeiwert von 0,8.

Rechenwerte für die charakteristischen Festigkeitswerte für Nadelholz in N/mm² nach DIN EN 338

Festigkeitsklasse	C14	C16	C18	C20	C22	C24	C27	C30	C35	C40	C45	C50
Biegung	14	16	18	20	22	24	27	30	35	40	45	50
Zug parallel	7,2	8,5	10	11,5	13	14,5	16,5	19	21,5	26	30	33,5
Zug rechtwinklig	0,4											
Druck parallel	16	17	18	19	20	21	22	23	25	26	27	29
Druck rechtwinklig	2,0	2,2	2,2	2,3	2,4	2,5	2,6	2,7	2,7	2,8	2,9	3,0
Schub	3,0	3,2	3,4	3,6	3,8	4,0						

Die Eigenschaften gelten für Holz mit einem bei 20 °C und 65 % relativer Luftfeuchte üblichen Feuchtegehalt $u \leq 12\ \% \pm 1{,}5\ \%$. Die Werte für die Schubfestigkeit sind für Holz ohne Risse angegeben.

Holzfeuchte

Holzfeuchtegleichgewicht in Prozent

Relative Luftfeuchte \ Lufttemperatur °C	10	20	30	40
100%	33,0	31,0	30,0	29,0
90%	21,0	21,0	20,0	19,0
80%	16,3	16,0	15,7	15,0
70%	13,4	13,0	12,7	12,1
60%	11,2	10,8	10,5	10,0
50%	9,4	9,0	8,8	8,4
40%	7,8	7,5	7,3	7,0
30%	6,4	6,2	5,9	5,5

Soll-Holzfeuchte in Prozent für Holzbauteile

Pergolen	12% bis 24%
Dachstühle	12% bis 18%
Fenster und Außentüren	12% bis 15%
Parkett	7% bis 11%
Treppen, Innenausbau	6% bis 10%
Schalungsplatten	≥ 7%

Nutzungsklassen

NK	Klimabedingungen
1	**Trockenbereich:** 20 °C und relative Luftfeuchte selten > 65%, z. B. in geschlossenen beheizten Bauwerken
2	**Feuchtbereich:** 20 °C und relative Luftfeuchte selten > 85%, z. B. bei überdachten offenen Bauwerken
3	**Außenbereich:** höhere Holzfeuchten als in NK 2, z. B. bei der Witterung ausgesetzten Konstruktionen

Bestimmung der Holzfeuchte
Der Feuchtegehalt des Holzes wird auf das Darrgewicht bezogen

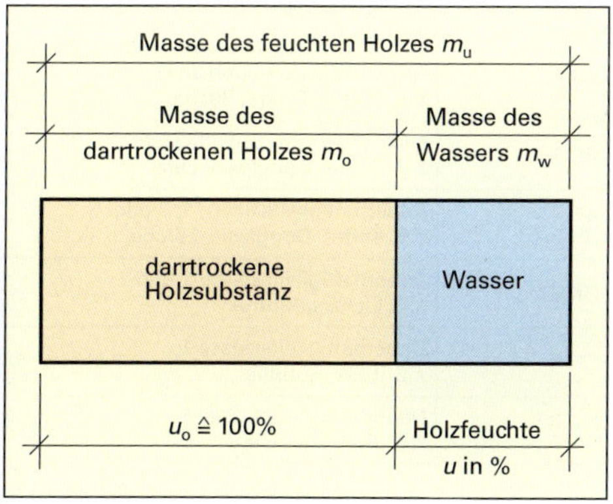

$$\text{Wasser} = \text{Holz}_{\text{feucht}} - \text{Holz}_{\text{darrtrocken}}$$

$$m_w = m_u - m_o$$

$$\text{Holzfeuchte } u \text{ in \%} = \frac{\text{Wasser (g)}}{\text{darrtrockenes Holz (g)}} \cdot 100\,\%$$

$$u = \frac{m_w}{m_o} \cdot 100\,\%$$

oder $$u = \frac{m_u - m_o}{m_o} \cdot 100\,\%$$

m_o Masse der darrtrockenen Holzprobe
m_u Masse der feuchten Holzprobe

Holzschwund

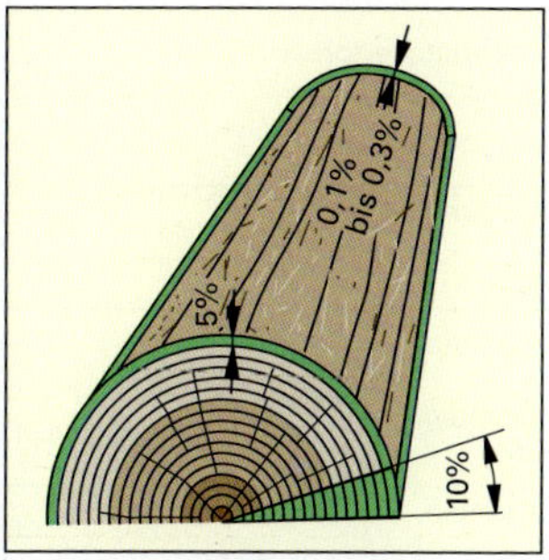

Maximale Größenänderung durch Schwund bei einer Trocknung von 30% auf 0% Holzfeuchte

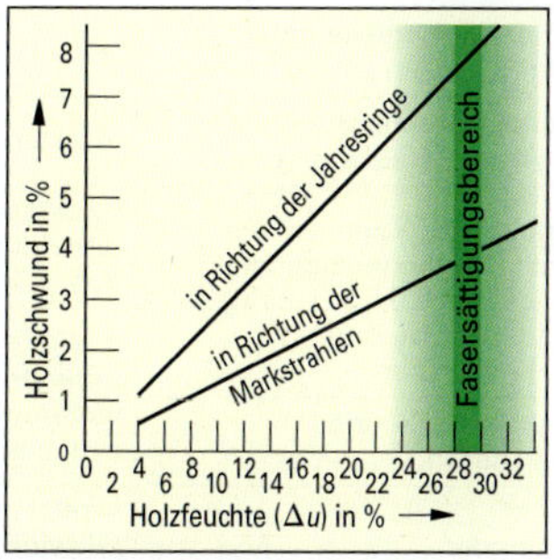

Durchschnittlicher Holzschwund in tangentialer und radialer Richtung in Prozent

Schwund je 1% Holzfeuchteänderung *q* (Schwindmaß)

Holzart	radial	tangential
Tanne	0,14%	0,28%
Lärche	0,14%	0,30%
Eiche	0,18%	0,34%
Fichte	0,19%	0,36%
Kiefer	0,19%	0,36%
Rotbuche	0,20%	0,41%
Esche	0,21%	0,38%

Holzschwund (Fortsetzung)

Bestimmung der Schwindmaße

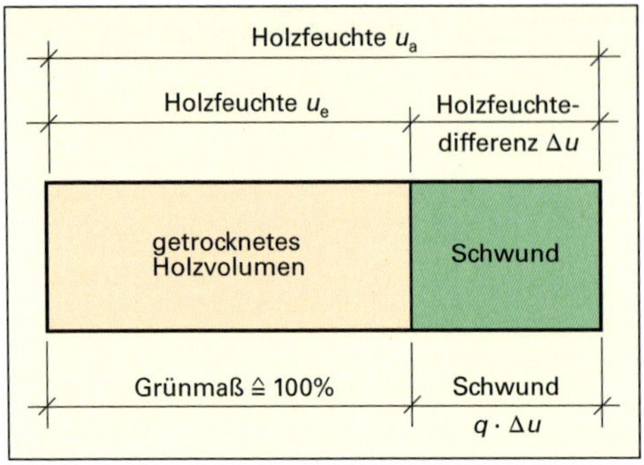

Holzfeuchtedifferenz = Anfangsholzfeuchte − Endholzfeuchte

$$\Delta u = u_a - u_e$$

Schwund in % = Schwund je 1 % Feuchteunterschied · Feuchtedifferenz

$$\text{Schwund in \%} = q \cdot \Delta u$$

$$\text{Schwindmaß (mm)} = \frac{\text{Grünmaß (mm)} \cdot \text{Schwund (\%)}}{100\,\%}$$

$$b_{\text{Schwund}} = \frac{b \cdot q \cdot \Delta u}{100\,\%}$$

Holzschutz

Resistenzklassen (gegen Pilze) bei ungeschütztem Kernholz nach DIN EN 350-2

Resistenzklasse RK		Holzarten (Beispiele)
1	sehr dauerhaft	Afzelia, Teak, Bangkirai
1 bis 2		Robinie, Red Meranti
2		Eiche, Eibe, Edelkastanie
2 bis 3		Framire, Sipo-Mahagoni, Western Red Cedar
3		Nussbaum, Douglasie, Oregon Pine
3 bis 4		Europ. Douglasie, Lärche, Kiefer
4		Fichte, Tanne, Hemlock
5	nicht dauerhaft	Buche, Birke, Ahorn, Esche

Verwendungsmöglichkeit von Holz ohne chemischen Holzschutz

Gebrauchsklasse	Anforderungen Holzarten
GK 0	Keine Anforderungen an Holzart z. B. Fichte, Tanne, Buche
GK 1	Farbkernhölzer, Splintholzanteil ≤ 10% z. B. Kiefer, Douglasie, Lärche
GK 2 GK 3.1	Dauerhaftigkeitsklasse 1, 2 oder 3 z. B. Kiefer, Douglasie, Lärche, splintfrei
GK 3.2	Dauerhaftigkeitsklasse 1 und 2 z. B. Eiche splintfrei
GK 4	Dauerhaftigkeitsklasse 1 z. B. Teak, Robinie
GK 5	Dauerhaftigkeitsklasse 1 z. B. Teak aus Asien

Anwendung und Wirksamkeit von Holzschutzmitteln

Gebrauchsklasse	Anwendungsbereiche	Anforderungen an das Holzschutzmittel	erforderliche Prüfprädikate für tragende Bauteile
GK 0	Räume mit üblichem Wohnklima: Holzbauteile durch Bekleidung abgedeckt oder zum Raum hin kontrollierbar	keine Holzschutzmittel erforderlich	
GK 1	Innenbauteile (Dachkonstruktionen, Geschossdecken, Innenwände) ohne Bewitterung oder Befeuchtung	insektenvorbeugend	Iv
GK 2	Bauteile unter Dach ohne Bewitterung, gelegentliche Befeuchtung durch Umgebungsfeuchte	insektenvorbeugend pilzwidrig, evtl. bläuewidrig	Iv, P, B
GK 3.1	Außenbauteile mit Bewitterung ohne Erd- und Wasserkontakt, ohne Wasseranreicherung	insektenvorbeugend pilzwidrig witterungsbeständig, evtl. bläuewidrig	Iv, P, W, B
GK 3.2	Außenbauteile mit Bewitterung ohne Erd- und Wasserkontakt, mit Wasseranreicherung		
GK 4	Holzteile mit ständigem Erd- und/oder Süßwasserkontakt	insektenvorbeugend pilzwidrig witterungsbeständig moderfäulewidrig	Iv, P, W, E
GK 5	Holzteile ständig dem Meerwasser ausgesetzt	Wie GK 4 mit zusätzlicher Wirksamkeit gegen Holzschädlinge im Meerwasser	

Handelsformen des Schnittholzes

Schnittholzeinteilung nach DIN 4074-1

Holzerzeugnis	Dicke d bzw. Höhe h	Breite b
Latte	$d \leq 40$ mm	$b < 80$ mm
Brett	$d \leq 40$ mm	$b \geq 80$ mm
Bohle	$d > 40$ mm	$b > 3 \cdot d$
Kantholz	$b \leq h \leq 3 \cdot b$	$b > 40$ mm

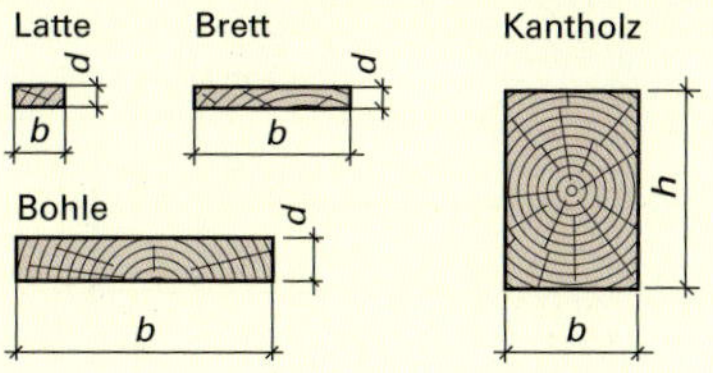

Latten und Vorratskanthölzer nach DIN 4070

Schnittholz	Querschnittsmaße b/h in mm						
Latte	24/48[1]	30/50	40/60				
Kanthölzer	60/ 60	60/ 80	60/120	80/ 80	80/100	80/160	100/100
	100/120	100/120	100/220	120/120	120/140	120/160	140/140
	140/160	160/160	160/180	160/200	180/220	200/200	200/240

[1] nur in Ausnahmefällen, immer S13

Übliche Maße für Bretter und Bohlen aus Nadelholz

ungehobelte	Dicke in mm						Breiten in mm	Längen in mm
Bretter	16	18	22	24	28	38	75 80 100 115 120 125 140 150 160 175 180 200 220 225 240 250 275 280 300	von 1500 bis 6000 in Stufungen von 250 oder 300
Bohlen	44	48	50	63	70	75		
gehobelte	**Dicke in mm**							
Bretter	13,5	15,5	19,5	25,5	35,5			
Bohlen	41,5	45,5						

Verschnitt

Der **Verschnitt oder die Verschnittmenge *V*** ist die Differenz zwischen der **Rohmenge *R*** und der entsprechenden **Fertigmenge *F*** jeweils in m, m² oder m³.

Verschnitt = Rohmenge – Fertigmenge

$$V = R - F$$

In der Regel ist die Fertigmenge bekannt. Für den betriebsüblichen Verschnitt liegen Erfahrungswerte als Verschnittzuschläge in % vor, die sich auf die Fertigmenge F von 100 % beziehen. Aus dem Verschnittzuschlag VZ wird der Verschnitt V und damit die Rohmenge R berechnet.

$$\text{Verschnitt} = \frac{\text{Fertigmenge} \cdot \text{Verschnittzuschlag (\%)}}{100\,\%}$$

$$V = \frac{F \cdot VZ\,(\%)}{100\,\%}$$

Die Rohmenge kann auch direkt mit einem Verschnittzuschlag VZ berechnet werden.

$$\text{Rohmenge} = \text{Fertigmenge} \cdot [100\,\% + VZ(\%)]$$

$$R = F \cdot \frac{100\,\% + VZ(\%)}{100\,\%} = F + \frac{F \cdot VZ(\%)}{100\,\%}$$

Schnittholzsortierung

Standardquerschnitte für Konstruktionsvollholz (KVH)

Dicke in mm	Breite in mm						
	100	120	140	160	180	200	240
60	x	x	x	x	x	x	x
80		x	x	x	x	x	x
100	x			x	x	x	x
120		x		x		x	x
140			x				x

Zuordnung von Sortierklassen

Sortierklasse nach DIN 4074-1	Festigkeitsklasse nach EN 338	charakteristische Biegefestigkeit in N/mm^2
S7	C16	16
S10	C24	24
S13	C30	30
S15[1)]	C35	35

1) nur für apparativ unterstützte visuelle Schnittholzsortierung möglich

Schnittholz für Zimmerarbeiten – Sortierung nach dem Aussehen – Nadelholz nach DIN 68365

Güteklasse	1	2	3
Äste	$(2/3) \cdot b$ faule, lose Äste nicht zulässig	zulässig	zulässig
Schwindrisse Endrisse	$b \leq 3\%$ $l \leq h$	$b \leq 5\%$ $l \leq 1{,}5 \cdot h$	zulässig $l \leq 2 \cdot h$
Blitzrisse	nicht zulässig	nicht zulässig	nicht zulässig
Ringschäle	nicht zulässig	nicht zulässig	zulässig
Baumkante	nicht zulässig	je Seite $\leq 1/4$	je Seite $\leq 1/3$
Bläue	nicht zulässig	zulässig	zulässig
Rotstreifigkeit	nicht zulässig	$\leq 2/5$	$\leq 3/5$
Fäule	nicht zulässig	nicht zulässig	nicht zulässig
Insektenfraß	nicht zulässig	Fraßgänge ≤ 2 mm zulässig	Fraßgänge ≤ 2 mm zulässig
Harzgallen	$b \leq 5$ mm	$b \leq 5$ mm	zulässig

Sortierkriterien für visuelle Sortierung von Schnittholz nach DIN 4074-1 (auszugsweise)

Sortiermerkmale	Kanthölzer und vorwiegend hochkant (K) biegebeanspruchte Bretter und Bohlen			Bretter und Bohlen			Latten	
	Sortierklassen							
	S7, S7K	S10, S10K	S13, S13K	S7	S10	S13	S10	S13
1. Äste	bis 3/5	bis 2/5	bis 1/5	bis 1/2[a]	bis 1/3[a]	bis 1/5[a]	bis 1/2	bis 1/3
2. Faserneigung	bis 12%	bis 12%	bis 7%	bis 16%	bis 12%	bis 7%	bis 12%	bis 7%
3. Markröhre	zulässig	zulässig	nicht zulässig[b]	zulässig	zulässig	nicht zulässig	nicht zulässig[c]	nicht zulässig[b]
4. Jahrringbreite – im Allgemeinen	bis 6 mm	bis 6 mm	bis 4 mm	bis 6 mm	bis 6 mm	bis 4 mm	bis 6 mm	bis 6 mm
– bei Douglasie	bis 8 mm	bis 8 mm	bis 6 mm	bis 8 mm	bis 8 mm	bis 6 mm	bis 8 mm	bis 8 mm
5. Risse – Schwindrisse[d]	bis 1/2	bis 1/2	bis 2/5	zulässig	zulässig	zulässig	zulässig	zulässig
– Blitzrisse Ringschäle	nicht zulässig	nicht zulässig	nicht zulässig	nicht zulässig	nicht zulässig	nicht zulässig	nicht zulässig	nicht zulässig
6. Baumkante	bis 1/4	bis 1/4	bis 1/5	bis 1/3	bis 1/3	bis 1/4	bis 1/3	bis 1/4

a Sortierkriterium für Einzeläste, für Astansammlungen und Schmalseitenäste gelten zusätzliche Kriterien.

b Bei Kantholz mit einer Breite von > 120 mm zulässig. c Bei Fichten zulässig

d Diese Sortiermerkmale bleiben bei nicht trocken sortierten Hölzern unberücksichtigt.

Fliesen und Platten

Klassifizierung von Fliesen und Platten für Bodenbeläge

Klasse	Beanspruchung durch kratzende Verschmutzung	Anwendungsbereich
1	ohne kratzende Verschmutzung	Wohnbereich: Schlafraum, Bad
2	gelegentliche kratzende Verschmutzung	Wohnbereich: Wohnräume außer Küchen und Dielen
3	häufige kratzende Verschmutzung	Wohnbereich, Objektbereich: Gesamter Wohnbereich, Balkone, Hotelbäder
4	regelmäßige kratzende Verschmutzung	Objektbereich: Eingänge, Büros, Verkaufsräume
5	starke kratzende Verschmutzung	Objektbereich: Gaststätten, Schalterhallen, Kaufhäuser

Fugenbreiten

Fliesen- und Plattenarten	Seitenlänge	Fugenbreite
trocken-gepresst	bis 10 cm über 10 cm	1 mm bis 3 mm 2 mm bis 8 mm
strang-gepresst	bis 30 cm über 30 cm	4 mm bis 8 mm ≥ 10 mm
Bodenklinker-platten	für alle Seitenlängen	8 mm bis 15 mm

Fliesenkleber (Dünnbettverfahren)

Zahnung (mm)	Verbrauch (kg/m^2) gerundete Werte	Lieferform
4	1,5	Gebinde als 5 kg Beutel 25 kg Sack
6	2,0	
8	2,8	
10	3,6	

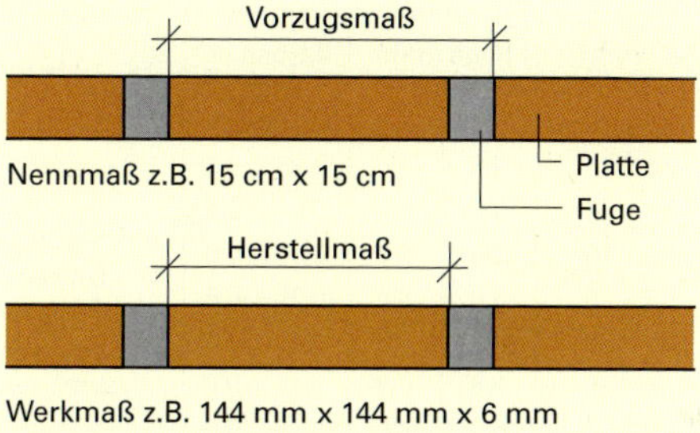

Fliesen- und Plattenmaße

Modulare Vorzugsmaße (Beispiele)

Fliesen- und Plattenarten	Vorzugsmaß (Koordinierungsmaß) in cm	Herstellmaß (Werkmaß) in mm
Spaltplatten	30 x 30	290 x 290 x 15
	25 x 25	240 x 240 x 11
	15 x 15	140 x 140 x 11
	25 x 12,5	240 x 115 x 11
Fliesen und Platten aus Steinzeug und Steingut	30 x 30	230 x 230 x 8
	20 x 20	194 x 194 x 8
	15 x 15	144 x 144 x 8
	10 x 10	97,5 x 97,5 x 8
Mosaik	5 x 5	48 x 48 x 6
Bodenklinkerplatten	25 x 25	240 x 240 x 25
	25 x 12,5	240 x 115 x 25
Großformatige Fliesen	40 x 40	397 x 397 x 9
	40 x 60	397 x 597 x 9
	50 x 50	496 x 496 x 10
	60 x 60	595 x 595 x 10
	60 x 90	595 x 895 x 10

Fliesen- und Plattenbedarf

Format (cm) (Nennmaß)	Bedarf/m^2 (Stück)	Lieferform als Pakete	
		Stück/Paket	m^2/Paket
10 × 20	50 (52)	44	0,88
15 × 15	44 (46)	44	1,00
15 × 20	34 (35)	44	1,32
20 × 20	25 (26)	28	1,12
25 × 25	16 (17)	18	1,13
30 × 30	11 (12)	18	1,62

Klammerwerte einschließlich Verschnitt und Verlust

Fliesen und Platten (Fortsetzung)

Bedarf an Fugenmörtel für feinkeramische Wand- und Bodenfliesen

Format (cm)	Fuge (mm) Breite/Tiefe		Verbrauch kg/m^2	Lieferform	Beispielrechnung
10 × 10	3/5	–	0,35 … 0,5	Gebinde als 2 kg Beutel 5 kg Beutel 25 kg Sack Rohdichte 1,4 g/cm^3 … 1,5 g/cm^3	Verbrauch Fugenlänge [cm] × Breite [cm] × Tiefe [cm] 1,4 g/cm^3 z. B. 25/25 [cm] 800 × 0,5 × 0,8 × 1,4 = 448 g/m^2 bis 800 × 0,6 × 0,8 × 1,5 = 576 g/m^2
10 × 20	3/6	–	0,4 … 0,6		
15 × 15	3/6	5/6	0,3 … 0,6		
15 × 20	3/6	5/6	0,25 … 0,6		
20 × 20	4/8	5/8	0,4 … 0,6		
25 × 25	5/8	6/8	0,45 … 0,6		
30 × 30	5/8	6/10	0,35 … 0,6		

Bedarf an Fugenmörtel für Spaltklinker und großformatige Steingut- und Steinzeugplatten

Format (cm)	Fuge (mm) Breite/Tiefe	Verbrauch kg/m^2	Lieferform
12,5 × 25	10/10	1,8 … 2,2	Gebinde als 5 kg Beutel 25 kg Sack Rohdichte 1,4 g/cm^3 … 1,7 g/cm^3
20 × 20	10/10	1,5 … 1,8	
25 × 25	10/10	1,2 … 1,4	
30 × 30	10/10	0,9 … 1,1	

Bedarf an Silikon-Dichtstoff für dauerelastische Fuge

Fugenform	Fuge (mm) Breite/Tiefe	Verbrauch[1] mℓ/m	Lieferform
Dreieckfuge 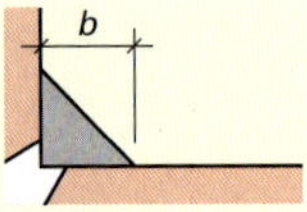	5/5	12,5	Gebinde als 310 mℓ Kartusche
	10/10	50	
	15/15	112,5	
Rechteckfuge 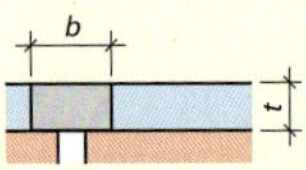	3/5	15	
	5/8	40	Schlauchbeutel 400 mℓ bzw. 600 mℓ
	8/10	80	
	10/10	100	**KGZ-Wert**
	15/10	150	
[1] handelsübliche Angaben, ohne Verschnittzuschlag, die angegebenen Werte sind Erfahrungswerte mit Abweichungen von ±10 %	15/15	225	Volumenschwund (KGZ-Wert) zählt zu den Qualitätskriterien eines Silikondichtstoffes. Produkte mit einem Volumenschwund < 10 % zählen zu den qualitativ hochwertigen Produkten. Es gibt aber auch Produkte im Markt mit einen Volumenschwund von bis zu 50 %
	16/16	256	

Anmerkung: Bei größeren Fugenabmessungen müssen Hinterfüllprofile verwendet werden.
Silikon: Wasserabweisend und ideal für feuchte Bereiche wie Badezimmer.
Acryl: Kann überstrichen werden und eignet sich daher gut für Innenräume.
Polyurethan (PU): Sehr widerstandsfähig gegenüber Umwelteinflüssen, ideal für Außenanwendungen.

Mechanik – Einfache Maschinen

Hebel

Der Hebel ist ein starrer, drehbar gelagerter Körper.

linksdrehende (positive) Momente + $\overset{\frown}{M}$

und rechtsdrehende (negative) Momente – $\overset{\frown}{M}$

Kraftschema beim einarmigen Hebel

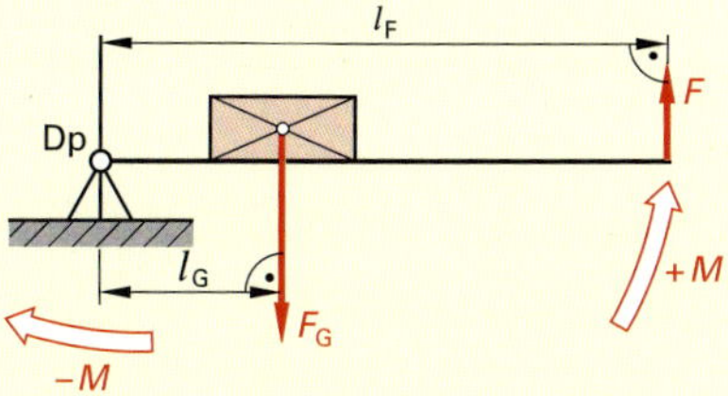

Kraftschema beim zweiarmigen Hebel

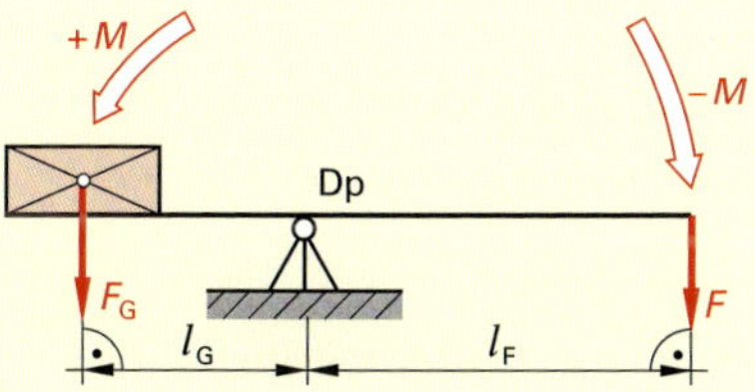

Berechnung der Drehmomente (Hebelgesetz):

$$F \cdot l_F = F_G \cdot l_G$$

$F \cdot l_F = M_1$ $F_G \cdot l_G = M_2$ $M_1 = M_2$

$$+\overset{\frown}{M} = -\overset{\frown}{M} \rightarrow \Sigma M = 0$$

Keil

Die trennende Wirkung ist abhängig vom Keilwinkel und von den Reibungskräften an den Keilseitenflächen.

Berechnung der Spaltkraft

$$F = \frac{F_N \cdot d}{s}$$

F Spaltkraft in N
d Keildicke in mm
s Keilseitenlänge in mm

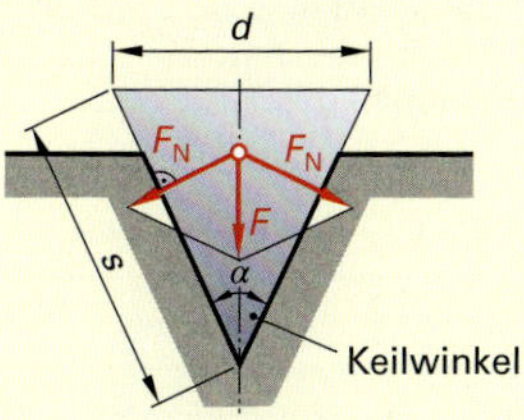

Kraftübersetzung beim Keil

Schiefe Ebene

Die schiefe Ebene dient zum Transport eines Körpers in eine bestimmte Höhe. Der Kraftaufwand ist wesentlich geringer als beim Hochheben, dafür ist ein längerer Weg notwendig.

Berechnung der Kraft parallel zur Fahrbahn

$$F = \frac{F_G \cdot h}{s}$$

$$F = F_G \cdot \sin \alpha$$

F Schubkraft in N
s Kraftweg in m
h Hubhöhe in m
F_G Gewichtskraft in N

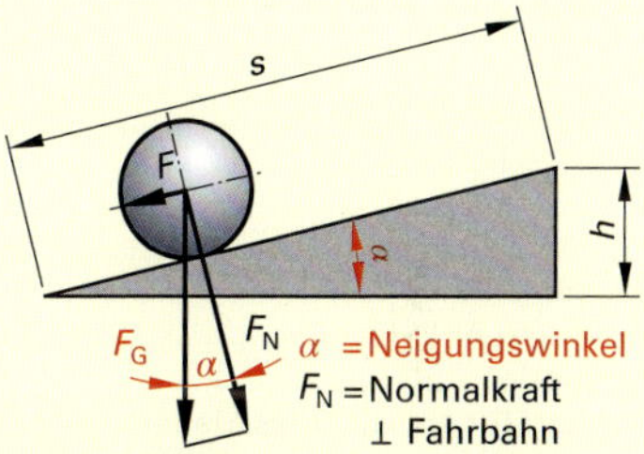

Kraftübersetzung bei der schiefen Ebene

Feste Rolle, lose Rolle

Die feste und die lose Rolle bestehen aus einer um ihre Mittelachse drehbaren Scheibe, die eine umlaufende Führungsnut für das Zugseil besitzt. Das Hebelgesetz gilt; der Hebelarm entspricht dem Radius der Scheibe.

an der festen Rolle

$$F \cdot r = F_G \cdot r$$
$$F = F_G$$

$$s_1 = s_2$$

an der losen Rolle

$$F \cdot 2 \cdot r = F_G \cdot r$$
$$F = \frac{F_G}{2}$$

$$s_1 = \frac{s_2}{2}$$

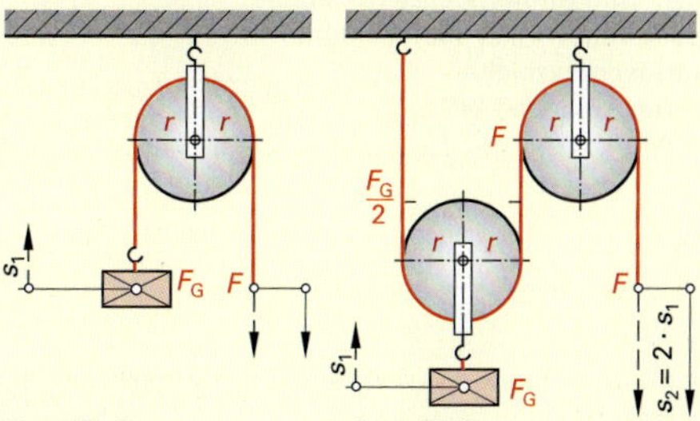

Feste Rolle **Lose Rolle**

Sachwortverzeichnis